Das Spielebuch für Katzen

Das Spielebuch für Katzen

Spielend durchs Katzenleben

von Helena Dbalý und Stefanie Sigl

Copyright © 2008 by Cadmos Verlag GmbH, Brunsbek

Gestaltung und Satz: Ravenstein + Partner, Verden

Titelfoto: Tierfotoagentur/Ramona Richter

Fotos: animals digital/Thomas Brodmann, Helena Dbalý, Christiane Slawik
Tierfotoagentur/Ramona Richter

Lektorat: Anneke Bosse

Druck: agensketterl Druckerei, Mauerbach

Printed in Austria

ISBN 978-3-86127-133-8

*Inhalt

✳ Inhalt

Danke!

Unser besonderer Dank gilt Birgit Laser, die den entscheidenden Grundstein zur Entstehung dieses Buches gelegt hat.

Bedanken möchten wir uns auch bei allen Fotografen für die wunderschönen Fotos, insbesondere bei Christiane Slawik, die im „Katzehuus" Pratteln (CH) von Anja Pignataro und im Privathaushalt von Cornelia Brägger in fröhlicher, entspannter Atmosphäre herrliche Katzenmotive aufgenommen hat.

Großes Lob vergeben wir an unsere vierbeinigen Katzenmodelle, die geduldig, ausdauernd und sehr engagiert unsere Fotoshootings mitgemacht haben.

Elin Gammenthaler (16 Jahre) und Rena Schenke (7 Jahre) danken wir für die schönen Fotomotive beim Spielen mit ihren tierischen Freunden Faramir und Plato.

Dr. Kurt Neeser danken wir für seine kritische Durchsicht des Kapitels über das Katzenfummelbrett und seine konstruktiven Anregungen.

Abschließend bedanken wir uns freundlich bei unserer Lektorin Anneke Bosse für die unkomplizierte Zusammenarbeit.

stefanie sigl
und
Helena Dbaly

(Rolf, ich danke Dir herzlich für Deine unendliche Geduld und Rücksichtnahme während der Entstehung dieses Buches!)

(Foto: Slawik)

(Foto: Tierfotoagentur/Richter)

Warum ein Spielebuch für Katzen?

Weil Katzen das Spielen zum Leben brauchen!

Wissenschaftlich ausgedrückt ist Spielen das lustbetonte Ausprobieren motivierten Verhaltens ohne den dafür typischen Ernstbezug. Für die Katze bedeutet Spiel einfach Spaß – Spaß an der Bewegung, Spaß am sozialen Kontakt und Spaß am Suchen, Lauern und Fangen.

Katzenkinder entdecken ihre Umwelt spielend. Im Spiel mit Geschwistern und Mutter lernen sie das richtige Sozialverhalten. Im Spiel erfahren sie ihren eigenen Körper und wie man ihn bewegt. Und spielerisch lernen sie, welche Beute man mit welcher Strategie geschickt fängt. Kurz gesagt: Spielen bedeutet Lernen fürs Leben.

Wie beim Menschen verändert sich auch bei Katzen das Spielverhalten im Laufe des Lebens. Junge Katzen wollen toben und ihre Jagdkünste erproben.

Erwachsene Katzen haben nicht mehr den Bewegungsdrang kleiner Kätzchen. Sie setzen beim Jagen mehr auf Erfahrung, Geschicklichkeit und Köpfchen. Demzufolge haben erwachsene Katzen viel Freude an Denk- und Strategiespielen, für die junge Katzen oft noch nicht geduldig genug sind.

Gut versorgte Katzen können sehr alt werden. Da plagt dann so manches Zipperlein, und jeder Schritt will wohlüberlegt sein. Auch lassen die Funktionen von Augen und Ohren nach. Beute würden Seniorenkatzen draußen längst nicht mehr machen. Doch wer rastet, der rostet. Geistig sind sie meist noch fit, und auch die alten Knochen sind noch beweglich und die Augen scharf genug, um ruhende Beute zu erlegen. Vor die Wahl gestellt, lassen die meisten Katzensenioren jeden gefüllten Napf stehen und wenden sich Futter zu, das sie aus Öffnungen herausfummeln oder aus Paketen auspacken können. Auch für kurze Spielrunden, bei denen der soziale Kontakt zum Menschen, der sie ihr Leben lang begleitet hat, im Vordergrund steht, sind viele alte Katzen sehr dankbar. Eine ganz besondere Bedeutung hat das Spielen für Wohnungskatzen. Wohnungskatzen können ihre natürlichen Verhaltensweisen nur sehr begrenzt ausleben. Ihnen fehlt die Möglichkeit, artgerecht umherzustreifen, zu jagen und auf unterschiedlichste Umweltreize zu reagieren. Wenn ihre Menschen ihnen nicht die nötigen Anreize bieten, um natürliche Verhaltensweisen auszuleben, werden sie oft verhaltensauffällig. Abwechslungsreiches Spiel beugt dem vor, und es vertieft die Beziehung zum Menschen. Spieltherapie kann bei auffälligen Katzen helfen, Probleme zu lösen.

Die Lust zu spielen begleitet Katzen wie jedes höhere Lebewesen durch das gesamte Leben. Wenn eine Katze nicht (mehr) spielt, ist das ein äußerst ernst zu nehmendes Alarmzeichen. Entweder sind die Lebensumstände der Katze so, dass sie die Freude am Leben und somit auch am Spiel verloren hat, oder die Katze ist ernsthaft krank.

Spielregeln für
Mensch und Katze

🐾 Katzen lieben Rituale und geordnete Tages-
abläufe – und damit auch feste Spielzeiten.

🐾 Spielzeug, das ständig zur Verfügung steht,
verliert schnell seinen Reiz. Räumen Sie
die Spielsachen nach Gebrauch immer weg.
Machen Sie die Spielzeiten mit Ihnen zu
besonderen Momenten im Tagesablauf Ihrer Katze, das fördert die Bindung.

🐾 Orientieren Sie sich bei der Auswahl der
Spielzeuge am natürlichen Beutespektrum

von Katzen. Katzen fangen vor allem Insekten, Mäuse, kleine Reptilien und kleine
Singvögel. Eine Maus ist etwa so groß wie
ein Daumen. Viele Spielsachen im Handel
sind deutlich größer und daher meist völlig uninteressant für die Katze. Es kann
sogar sein, dass die Katze sich vor zu gro-
ßem Spielzeug fürchtet.

🐾 Bitte achten Sie bei gekauftem Spielzeug
auf sehr gute Verarbeitung. Scharfe Kanten,

lockerer Draht und heraushängende Fäden haben an Katzenspielzeug nichts zu suchen. Aufgeklebte Kunststoffteile entfernen Sie bitte vor dem Spielen. Falls die Katze solche Teile abbeißt und verschluckt, kann das ernsthafte gesundheitliche Probleme verursachen.

- Angepasst an den Aktivitätsrhythmus von Katzen sollte eine Spieleinheit zwischen 15 und 30 Minuten dauern. Keine Sorge – das bedeutet nicht, dass Sie eine halbe Stunde lang Katzenwedel hinter sich herziehen müssen. Ein Spiel mit dem Wedel, den die Katze abwechselnd belauert und fängt, kann nach einigen Minuten in ein Futtersuchspiel übergehen und damit enden, dass Ihre Katze Beute aus einem Karton herausangelt.

- Katzen tun nur, was sich für sie lohnt, also lassen Sie die Katze bei Jagdspielen gewinnen. An einem Spiel, bei dem sie keinen Erfolg haben, verlieren Katzen schnell die Lust.

- Gestalten Sie alle neuen Spiele so, dass die Katze sie leicht erlernen kann. Katzen sind sehr frustanfällig. Sie brauchen rasche Erfolge, um bei der Stange zu bleiben.

- Machen Sie Pausen und achten Sie darauf, dass die Katze nicht überdreht. Katzen sind keine Hetzjäger. Bewegung wechselt sich mit konzentriertem Belauern ab. Es mag putzig aussehen, wenn ein junges Kätzchen minutenlang hinter einem Lichtpunkt herhetzt, dabei Haken schlägt und über die eigenen Beine stolpert. Aber bitte bedenken Sie, dass die Natur Katzen für diese ausdauernde Form der Jagd nicht vorgesehen hat. In der Natur wäre die Beute längst gefangen, weggeflogen, in einem Loch verschwunden oder in Starre verfallen.

- Lassen Sie wilde Spiele ruhig ausklingen. Lenken Sie das Interesse der Katze auf etwas,

auf das sie sich konzentrieren muss. Das hilft, ihre Energie langsam in ruhige Bahnen zu lenken.

- Variieren Sie die Spiele. Katzen sind nicht nur Bewegungskünstler. Sie sind hochintelligente Tiere, die auch geistige Beschäftigung brauchen.

- Richten Sie sich bei der Auswahl der Spiele nach Ihrer Katze. Ein Freigänger, der seinen Bewegungsdrang draußen ausleben kann, muss zu Hause nicht zusätzlich bewegt werden. Junge Katzen spielen anders als Senioren. Einzelkatzen haben andere Spiel- und Kontaktbedürfnisse als Katzen, die mit Artgenossen zusammenleben. Kater verhalten sich anders als Kätzinnen. Beobachten Sie Ihre Katze – sie wird Ihnen zeigen, welche Spiele sie mag.

- Katzen sind Jäger, in der Natur aber auch Gejagte. Sie sind schreckhaft und reagieren schnell mit Flucht. Machen Sie aus diesem Grund keinen unnötigen Lärm und erschrecken Sie die Katze nicht mit plötzlichen, schnellen Bewegungen. Versuchen Sie, auf einer Ebene mit der Katze zu spielen, oder halten Sie Abstand. Im Vergleich zur Katze sind Sie ein Riese, der leicht bedrohlich wirken kann.

- Setzen Sie niemals Ihre Hände und Finger als Beute ein. Lenken Sie das Interesse der Katze auf geeignete Objekte. So vermeiden Sie von Beginn an, dass die Katze Ihre Hände als Beute ansieht und auch so behandelt. Sollte Ihre Katze bereits ein Grobian sein, brechen Sie jedes Spiel sofort ab, sobald die Katze grob wird. Spielabbruch und ein lautes „Aua!" lehren die Katze, dass sich dieses Verhalten nicht lohnt. Sobald die Katze sich beruhigt hat, können Sie vorsichtig weiterspielen. Auch wenn es schwerfällt: Halten Sie still, falls die Katze sich in Ihren Arm krallt. Sie wird umso schneller loslassen, je weniger Sie sich wehren. Widerstand regt die Katze an, sich noch fester einzukrallen und mit der Beute oder dem Gegner (denn nichts anderes ist Ihr Arm in diesem Moment) zu kämpfen. Das kann zu ernsthaften Verletzungen führen.

Wenn Ihre Katze nicht wie gewohnt spielen mag, denken Sie daran, dass sie Schmerzen haben könnte oder eventuell krank ist.

Wenn eine neu eingezogene Katze nicht spielen mag, hat sie vermutlich Angst. Geben Sie ihr ausreichend Zeit, sich einzugewöhnen und Vertrauen zu fassen. Versuchen Sie Ihr Glück aus der Distanz heraus oder geben Sie ihr Spiele, die sie allein und ungestört (auch nachts) spielen kann.

Wenn Sie mehr als eine Katze haben, sorgen Sie bitte dafür, dass alle Katzen Ihre Aufmerksamkeit bekommen. Falls nötig, spielen Sie mit Ihren Katzen getrennt nacheinander.

Einfach dufte –
Gerüche, Kräuter, Katzenminze, Baldrian & Co

Katzen besitzen im Vergleich zum Menschen eine etwa doppelt so große und mit zehn- bis zwanzigmal so vielen Riechzellen ausgestattete Nasenschleimhaut – dieser erstaunliche Vergleich lässt uns ungefähr erahnen, welch große Bedeutung das Riechen für Katzen haben muss.

Drogen für die Katze?

Es gibt spezielle Gerüche, die auf manche Katzen eine rauschähnliche Wirkung (allerdings ohne anschließenden Kater) haben. Die Katze reibt sich an dem duftenden Gegenstand, sie

Spielzeug, das mit attraktiven Duftstoffen versehen wurde, kann Katzen in ekstatische Zustände versetzen. (Foto: Dbalý)

knabbert und sabbert mit verzücktem Gesichtsausdruck, sie rollt sich hin und her und gerät in Ekstase.

Dieser Trip dauert etwa 15 Minuten. Vorsicht: Manche Katzen sind in dieser Phase reizbar und aggressiv. Man sollte sie während und auch einige Minuten nach dem Rausch vorsichtshalber in Ruhe lassen – nur zu schnell fängt man sich sonst einen Pfotenhieb ein. Die bekannteste Katzendroge ist die Katzenminze *(catnip)*. Aber auch Baldrian und das Holz vom Geißblatt haben eine berauschende Wirkung auf viele Katzen. Vorsicht, die Blätter vom Geißblatt sind für Katzen giftig. Des Weiteren gibt es sehr individuelle Vorlieben für bestimmte Kräuter und Gemüse. Kater Timmy reagiert höchst ver-

zückt, wenn er den Geruch von Wurzelwerk oder Suppengrün an den Fingern seiner Halterin riecht. Paulinchen hingegen schnüffelt gern an Salbei.

Katzenminze können Sie als getrocknetes Kraut und als fertige Mischung mit verschiedenen anderen Kräutern im Tierbedarfshandel kaufen. Es gibt die Duftstoffe von Katzenminze und Geißblatt auch als Spray zu kaufen, Baldrian gibt es in der Apotheke als Tinktur zum Aufträufeln auf Spielsachen oder Stoffsäckchen. Wer einen Garten oder Balkon hat, kann Katzenminze und Baldrian natürlich auch anpflanzen. Wenn Sie die Düfte als besonderes Extra für Ihre Katze nutzen möchten, sollten Sie darauf achten, dass die Katze zu den bepflanzten Stellen keinen ständigen Zugang hat.

Duftspielzeug

Es gibt Säckchen und anderes Spielzeug, das mit Katzenminze und Geißblatt gefüllt ist, fertig zu kaufen. Achten Sie darauf, dass es beim Kauf noch luftdicht verschlossen ist. Wer möchte, kann Duftspielzeug auch selbst herstellen. Mit Spray oder Tinktur können Sie jedes Spielzeug, das Sie zu Hause haben, selbst beduften. Gehen Sie unbedingt sparsam mit den Düften um. Katzennasen sind ungleich sensibler als unsere. Ein Tropfen Baldriantinktur oder ein einziger Sprühstoß Minze reichen völlig aus. Fellbälle und Spielmäuse können Sie auch für eine Weile in ein Glas mit getrockneter Katzenminze legen. Sie nehmen den Geruch so sehr gut an.

Sie werden bemerken, dass die Katze mit dem Duftspielzeug nicht wie gewohnt spielt und es jagt und fängt. Vielmehr legt sich die Katze darauf, beißt hinein und reibt sich daran.

Ein altes Tuch, mit Baldrian beträufelt oder mit Katzenminze besprüht, erfüllt den gleichen Zweck wie gekauftes Spielzeug und hat den Vorteil, dass man es waschen kann. Da Katzen bei den ekstatischen Anfällen sehr stark speicheln, wird Duftspielzeug schnell unansehnlich.

Ein ganz besonderes Erlebnis für Ihre Katze bieten tischtennisballgroße, gepresste Wattekugeln, die man im Bastelbedarfsladen kaufen kann und mit Duft versieht. An so einer Kugel kann sich Ihre Katze nicht nur reiben, sie kann sie auch genüsslich einspeicheln, zerbeißen und zerfetzen. Sollten Sie feststellen, dass Ihre Katze die Watte frisst, kann ein Ball aus zerknülltem Zeitungspapier eine Alternative sein.

Die Wäsche seiner Menschen findet Faramir so anregend, dass er sich daran reibt. (Foto: Dbalý)

Ein Boxsack für Rowdys

Manche Katzen rekeln und rollen sich nicht nur in Katzenminze, Baldrian und Co. Sie fangen außerdem an, mit Duftgegenständen zu kämpfen. Wie bei (spielerischen) Auseinandersetzungen mit Artgenossen liegen sie auf der Seite oder dem Rücken, halten den Duftgegenstand mit den Vorderpfoten fest und bearbeiten ihn intensiv mit den Hinterpfoten. Falls Sie so einen kleinen Kämpfer zu Hause haben, schenken Sie ihm einen Boxsack als Sparringspartner. An einer alten, mit seinem Lieblingsduft versehenen Wollsocke kann er sich so richtig abreagieren.

Es gibt Katzen – meist sind es Kater –, die mit einer sehr körperbetonten Spielweise ihre Mitkatzen ängstigen. Für so einen Rowdy bietet der Boxsack eine gute Möglichkeit, sein Bedürfnis nach Raufen und Balgen auszuleben, ohne Angst und Schrecken zu verbreiten.

Für alle reinen Spielsachen gilt, dass sie nicht ständig zur Verfügung stehen sollten. Für Duftspielzeug gilt das ganz besonders. Die kurzen Rauschzustände sind zwar nicht gefährlich für die Katze, sie sollten dennoch etwas ganz Besonderes bleiben. Abgesehen davon verliert auch das schönste Duftspielzeug seinen Reiz, wenn die Katze es ständig riechen kann.

Was macht der Kerl in meiner Wäsche?

Nicht nur der Geruch bestimmter Pflanzen und Kräuter versetzt Katzen in Ekstase. Gerüche spielen vor allem im sozialen Leben von Katzen eine große Rolle. Ein Großteil der Kommunikation unter Katzen läuft über Geruchsbotschaften. Jede Katze deponiert Duftstoffe (Pheromone) an Objekten und Sozialpartnern, wenn sie Urin verspritzt oder Gesicht und Kinn an ihnen reibt. Und jede Katze ist sehr interessiert an den Geruchsbotschaften anderer Katzen. Sie untersucht Stellen, wo andere Katzen gesessen, gekratzt oder sich gerieben haben. Doch nicht nur die sozialen Gerüche von Artgenossen sind es wert, untersucht zu werden. Auch wir Menschen geben Pheromone ab, und manche Katzen sind verrückt nach diesen menschlichen Gerüchen. Sie lieben nicht nur die getragenen Pyjamas oder Nachthemden ihrer Halter. Jedes Kleidungsstück, das nah am Körper getragen wurde, versetzt diese Katzen in Begeisterung. Sie stecken Nase und Maul tief in den Stoff, nehmen den Geruch auf und flehmen.

Was ist Flehmen?

Flehmen nennt man das Einsaugen eines Geruchs durch das geöffnete Maul. Die Duftstoffe strömen durch zwei kleine Löcher hinter den Schneidezähnen in das Vomeronasalorgan. Dort liefern sie wichtige Informationen über die Identität des Duft-Urhebers. Eine flehmende Katze sitzt mit nach hinten gelegtem Kopf und hochgezogener Oberlippe da.

Nun lassen die wenigsten Menschen ihre getragene Wäsche in der Wohnung herumliegen. Ordentlich, wie wir sind, räumen wir sie in den Wäschekorb und von dort aus in die Waschmaschine. So enthalten wir unseren Katzen eventuell ein großes geruchliches Vergnügen vor. Warum also der Katze nicht nach dem Fitnesstraining die offene Sporttasche oder am Waschtag den Wäschekorb zur Verfügung stellen, um ihr so hin und wieder ein Dufterlebnis der besonderen Art zu gönnen?

Eine Maus, eine Maus!

Sicher haben Sie schon Katzen beobachtet, die ihre Beute nicht fressen, sondern sie herumwerfen, entkommen lassen, wieder einfangen und mit ihr spielen. Das Jagdverhalten von Katzen ist vom Hungergefühl losgelöst. Freigänger, die vom Menschen gefüttert werden, also selten Hunger leiden, jagen genauso erfolgreich wie Katzen, die sich selbst versorgen müssen.

Die Suche nach Beute, das Auflauern und Fangen ist Katzen angeboren. Sie reagieren reflexartig auf bestimmte Bewegungen und Geräusche und suchen gezielt nach Situationen, die Jagdverhalten auslösen. Wenn sie in der Wohnung leben oder nur sehr beschränkt Freigang haben, ist es sehr wichtig, dass der Mensch ihnen die nötigen Anreize durch Spiel bietet.

Wann, wie und was jagen Katzen?

Die Frage nach dem Wann ist rasch beantwortet: immer wenn sie wach sind und entsprechende Reize vorhanden sind, auf die sie reagieren können. Auslöser sind leise fiepende, raschelnde und kratzende Geräusche sowie schnelle, ruckartige Bewegungen, vor allem Bewegungen, die sich aus dem Gesichtsfeld der Katze entfernen.

Das natürliche Beutespektrum von Katzen umfasst Insekten, Mäuse und andere kleine Nagetiere, kleine Reptilien wie Eidechsen oder Blindschleichen, Singvögel, Fische und in seltenen Fällen auch große Ratten, ausgewachsene Kaninchen und anderes Niederwild. Gespielt wird meist nur mit kleineren, ungefährlichen Beutetieren wie Mäusen. Auch Insekten wie Heuschrecken und Fliegen werden selten sofort, häufig gar nicht gefressen. Die Katzen beschäftigen sich mit der Beute, sie bepföteln sie, stupsen sie an, lassen sie immer wieder entkommen und fangen sie wieder ein. Bei der Auswahl von Katzenspielzeug ist man also gut beraten, sich an der Natur zu orientieren und Spielsachen auszuwählen, die in Größe, Form und der Art, wie sie sich bewegen lassen, an echte Beute erinnern.

Die Spielmaus aus Stoff fängt eine Katze im Wohnzimmer genauso engagiert wie die lebende Beute draußen. (Foto: Tierfotoagentur/Richter)

Das Spiel von Katzen ist geprägt von Verhaltensweisen, die sie beim Jagen zeigen. Es kann bis auf die Endhandlung alle Elemente einer Jagdsequenz, nämlich das Belauern, das Anschleichen, den Sprung, das Fangen mit Maul und/oder Vorderpfoten, das Loslassen und Entkommenlassen, das Werfen und Wiederauffangen, das Herauspföteln aus Ritzen und Löchern, das Wegtragen und das Verstecken in allen erdenklichen Kombinationen beinhalten.

Gekaufte Spielsachen

Im Internet und in Tierbedarfsgeschäften können Sie Unsummen für Katzenspielzeug ausgeben. Viele dieser Spielsachen sind zu groß und zu klobig, um Katzen anzusprechen, andere sind durch ihre schlechte Verarbeitung ausgesprochen gefährlich. Doch es gibt auch gut gestaltete und sinnvolle Spielsachen, mit denen Sie und Ihre Katze viel Freude haben werden.

Spielen – aber sicher!

❀ Das Spielzeug sollte so groß sein, dass die Katze es nicht verschlucken kann. Aufgeklebte Kunststoffaugen oder Nasen entfernen Sie vorsichtshalber.

❀ Achten Sie auf gute Verarbeitung. Katzenspielzeug sollte keine scharfen Kanten und spitzen Ecken haben, Kunstfell sollte sich nicht ablösen können.

❀ Idealerweise ist Katzenspielzeug nicht mit giftigen Farben gefärbt und nicht mit giftigem Kleber verklebt.

❀ Spielsachen mit langen Schnüren oder Gummibändern sollten nie unbeaufsichtigt herumliegen, damit spielende Katzen sich keine Körperteile abschnüren oder gar strangulieren.

❀ Katzen sollten keine Wollschnüre fressen, da sie den Darm verletzen oder einen Darmverschluss verursachen können.

❀ Bei Papiertüten schneiden Sie bitte immer die Henkel durch, Kunststofftüten sind wegen der Erstickungsgefahr zum Spielen tabu.

Der junge Kater Plato passt noch in den Kreis und braucht nicht außen herumzulaufen. (Foto: Slawik)

Katzenkarussell

Ein Katzenkarussell ist eines der wenigen gekauften Spielzeuge, mit denen Katzen sich länger allein beschäftigen können. Es besteht aus zwei runden Hälften, die eine an der Außenseite offene Röhre formen. Auch an der Oberseite sind meist einige Öffnungen. In der Röhre befindet sich ein Ball. Zeigen Sie Ihrer Katze, dass der Ball sich in der Röhre bewegt – sie wird fasziniert beobachten, wie der Ball seine Runden dreht. Sie wird das Karussell umrunden und den Ball vorsichtig mit den Pfoten berühren.

Schnell lernt sie, dass sie den Ball bremsen und beschleunigen kann. Nun steht einer ausgelassenen Jagd nichts mehr im Wege. Katzenkarussells gibt es in verschiedenen Ausführungen und unter verschiedenen Handelsnamen. Achten Sie beim Kauf auf gute Verarbeitung. Die häufig in der Mitte befestigte Sprungfeder mit Maus entfernen Sie sicherheitshalber. Die Katze könnte sich an der Sprungfeder das Fell einzwicken oder sich verletzen, falls die Maus sich löst.

Stoffmäuse und Fellbälle

Von Fellbällen und Stoffmäusen sind die meisten Katzen begeistert. Sie können sie nicht nur mit den Pfoten anstoßen und wie ein Strafraumdribbler durch das Zimmer treiben. Das weiche Material ermöglicht es ihnen, sie mit den Krallen aufzunehmen, herumzuschleudern und wieder aufzufangen. Und sie lassen sich gut wie echte Mäuse im Maul herumtragen.

Katzen spielen ganz unterschiedlich mit Bällen und Mäusen. Manche brauchen nur einen kleinen

Anstoß, indem der Mensch das Spielzeug einmal wirft, um sich dann selbstvergessen damit zu beschäftigen. Andere Katzen brauchen einen Spielpartner, der ihnen die Beute immer wieder rollt oder wirft, damit sie hinterherspringen und sie fangen können. Glücklich können sich hier die Halter von apportierenden Katzen schätzen.

Manche Katzen entwickeln ein Spiel, bei dem sie und ihr Mensch sich die Bälle abwechselnd zuwerfen. Wie ein Torwart beim Training lauern sie auf den Ball, fangen ihn aus der Luft und schleudern ihn zurück.

Für die bewegliche Beute an der Angel machen die meisten Katzen richtige Luftsprünge. (Foto: Dbalý)

Viele Katzen nehmen echte und Spielzeugmäuse am Schwanz auf und lassen sie beim Transport halb aus dem Maul heraushängen. (Foto: Slawik)

Katzenangel

Eine Katzenangel ist ein Kunststoffstab, an dem an einer Schnur oder einem Gummiseil diverse Objekte wie Fellmäuse, Lederstreifen, kleine Federboas und andere Dinge befestigt sind, die das Interesse der Katze wecken. Achten Sie beim Kauf darauf, dass das Spielobjekt nicht zu groß ist. Im Zweifelsfall entscheiden Sie sich für das kleinere, leichtere und filigranere Objekt. Vor allem Angeln mit Federboas wirken auf die meisten Katzen unwiderstehlich.

Mit einer Katzenangel können Sie am Boden und in der Luft spielen. Ziehen Sie die Angel einfach hinter sich her, halten Sie immer wieder inne und lassen Sie die Beute hüpfen. Bewegen Sie sie, als ob sie eine Maus oder ein Vogel wäre – dann ist Ihnen die Aufmerksamkeit Ihrer Katze sicher. Sie wird sich anschleichen, Deckung suchen, die Beute verfolgen und irgendwann mit einem Satz zupacken. Vorsicht: Sobald die Katze die Beute gefangen hat und festhält, spannt sich das Gummiseil. Lassen Sie den Stab nun bitte auf keinen Fall los. Geben Sie nach und versuchen Sie die Spannung aus dem Gummi zu nehmen, denn auch die Katze lässt eventuell plötzlich los. Das kann buchstäblich ins Auge gehen.

Mit der Katzenangel können Sie im Sitzen spielen, Sie können die Katze damit aber auch durch die gesamte Wohnung, auf den Kratzbaum, über Tische, Stühle und Schränke locken. Achten Sie nur immer darauf, die Angel mit kleinen ruckartigen Bewegungen zu führen und immer wieder innezuhalten. Sehr interessant ist für Katzen übrigens Beute, die sie nicht mehr sehen können. Also lassen Sie die Beute an der Angel schnell hinter dem Türrahmen, unter dem Teppichläufer, der Bettdecke oder dem Sofakissen verschwinden.

Katzenwedel

Beim Katzenwedel sind Federn oder Lederstreifen direkt an der Spitze des Kunststoffstabs befestigt. Bewegen Sie diesen Stab in etwas Abstand vor der Katze in der Luft, wird sie sofort danach schlagen und versuchen, den Vogel zu fangen.

Katzenwedel eigenen sich sehr gut zum Spielen mit scheuen Katzen, die in Anwesenheit von Menschen normalerweise nicht spielen und Angst vor den raumgreifenden Bewegungen beim Spiel mit der Katzenangel haben. Wenn die Katze auf dem Kratzbaum oder einer anderen erhöhten Stelle sitzt und interessiert die Umgebung beobachtet, nähern Sie sich ihr vorsichtig, am besten von der Seite,

dann wirken Sie weniger bedrohlich. Je näher Sie kommen, desto kleiner machen Sie sich. Setzen Sie sich auf den Boden oder einen Stuhl, den Sie bereits dort aufgestellt haben, und spielen Sie von unten zur Katze hinauf. Bewegen Sie den Katzenwedel am Rand der Liegefläche der Katze vorsichtig hin und her und auf und ab. So sieht die Katze nur Ihren Arm, Sie wirken weniger bedrohlich und hemmend auf die Katze, und das Spielen fällt ihr leichter.

Mit dem Katzenwedel kann man auch scheue Katzen schnell zum begeisterten Spielen bringen. (Foto: Slawik)

CatDancer®

Mit scheuen Katzen kann man auch wunderbar mit dem CatDancer® spielen. Dieses unscheinbare Spielzeug aus den USA besteht aus einem biegsamen Draht, an dessen Ende einige kleine Papierröllchen befestigt sind. Hält man den Draht locker zwischen den Fingern, wippt er auf und ab und hin und her, und die Papierröllchen tanzen wie Insekten in der Luft.

Doch auch menschenbezogene Katzen sind begeistert vom CatDancer®. Sie werden erstaunt sein, welche Kapriolen und Sprünge Ihre Katze zeigt, sobald sie die wippenden Papierröllchen zu fangen versucht. Leider ist der CatDancer® im deutschen Handel schwer zu bekommen. Über das Internet ist er jedoch problemlos zu beziehen.

Laserpointer

Wir sind keine großen Freundinnen des Laserpointers, denn er bietet der Katze kein Erfolgserlebnis. Selbst wenn sie den Punkt erwischt, hat sie nichts in den Pfoten. Meist werden Laserpointer so eingesetzt, dass die Katze hin und her gehetzt wird und körperlich und psychisch sehr hochfährt. Die meisten Katzen sind nach wenigen Minuten Laserpointerspiel hocherregt und frustriert. So sieht sinnvolle Beschäftigung nicht aus. Außerdem ist er gefährlich, wenn man in die Augen leuchtet. Bei entsprechend veranlagten Katzen birgt er zusätzlich die Gefahr, dass sie beginnen, auch andere, etwa durch Sonnenlicht entstehende Lichter zu fangen, wodurch sich Stereotypien, also zwanghafte Verhaltensweisen bis hin zur Selbstschädigung, entwickeln.

Besonders bei scheuen Katzen, an die man zum Spielen kaum herankommt, kann der Laserpointer als Beschäftigungsmöglichkeit jedoch durchaus sinnvoll eingesetzt werden. Mit ihm kann man aus großer Entfernung agieren und das Interesse der Katze wecken, ohne sie gleichzeitig zu hemmen. Lassen Sie den Lichtpunkt hin und her huschen, halten Sie inne, lassen Sie ihn hinter einem Stuhlbein verschwinden kurzum: Versuchen Sie, den Lichtpunkt wie eine Maus zu bewegen. Sobald die Katze die Verfolgung aufnimmt, nutzen Sie den Laserpointer nur als Wegweiser, um die Katze zu vorher ausgelegten Futterstückchen, *catnip-Säckchen* oder

Die kleinen wippenden Papierröllchen des CatDancer® üben eine magische Anziehungskraft auf Katzen aus. (Foto: Dbalý)

Fellmäusen zu dirigieren. Kombiniert mit solchen Jagderfolgen für die Katze kann der Laserpointer ein sehr vergnügliches Spielzeug für Katze und Mensch sein.

Als Alternative können Sie eine Taschenlampe ausprobieren. LED-Lampen werfen recht kleine Lichtpunkte, kaum größer als eine Münze. Viele Katzen lassen sich aber auch von den großen Lichtpunkten normaler Taschenlampen zum Spiel animieren. Auch für Taschenlampen gilt selbstverständlich, dass sie nicht dazu da sind, Katzen herumzuhetzen.

Spielzeug Marke Eigenbau

Sie müssen kein Spielzeug kaufen, um Ihrer Katze vielfältige Spielideen zu präsentieren. Sehr leicht lassen sich auch eigene Spielideen umsetzen, mit denen die Katze und Sie genauso viel Freude haben werden.

Haushaltswaren

Trinkhalme, Stifte, Kunststoffverschlüsse von Flaschen, Weinkorken, abgeschnittene Ecken von Tetrapaks, zerknüllte Alufolie, Haargummis, Tischtennisbälle einige dieser Dinge finden sich sicher auch in Ihrem Haushalt. Falls Ihre Katze Ihnen nicht längst gezeigt hat, was für tolle Spielsachen Sie im Haushalt haben, betrachten Sie die Dinge, die Sie tagtäglich in die Hand nehmen, doch einmal mit Katzenaugen. Alles, was leicht und klein genug ist, dass es sich mit den Pfoten bewegen lässt, aber zu groß zum Verschlucken ist, eignet sich sehr gut als Spielzeug, mit dem die Katze sich eine gewisse Zeit selbst beschäftigen kann.

Dieser Kater hat ein Faible für Nudeln, …

…Bälle aus Aluminiumfolie …

…und Haargummis.
(Fotos: Slawik)

Es soll wahre Sammler unter den Katzen geben, die an geheimen Orten allerlei Schätze wie ungekochte Nudeln, Kabelbinder und ähnliche Beutestücke zusammentragen. Sollten in Ihrem Haushalt immer wieder Dinge verschwinden: Fragen Sie Ihre Katze …

Papierflieger

Falls Sie ein Kind – oder sogar einen Erwachsenen? – im Haushalt haben, die Papierflieger falten können, bitten Sie sie, einen Gleiter zu basteln. Von einem Stuhl aus können Kinder den Flieger sanft auf seine Reise schicken.

Wenn der Flieger wirklich ruhig gleitet und nicht ins Trudeln gerät, eignet er sich als Transportmittel für ein Leckerchen.

Bierdeckelfangen

Bringen Sie Ihrer Katze vom nächsten Restaurantbesuch doch mal Bierdeckel mit. Auch sie fliegen, wenn man sie wie eine Frisbeescheibe wirft. Und – was für die meisten Katzen wesentlich interessanter ist – sie lassen sich rollen. Mit etwas Geschick lernen Sie schnell, die Scheiben geradeaus oder im Bogen zu rollen, und Ihre Katze wird vergnügt nebenherlaufen. Manche Katzen stoppen die Deckel mit der Pfote oder dem Maul und zerfetzen sie anschließend. Andere warten, bis die Deckel von sich aus umfallen, und apportieren oder bewachen sie. Wenn Ihre Katze zu den weniger Zerstörungswütigen gehört, können Sie auch Untersetzer aus Kork verwenden.

Das Schnurspiel

Von Schnüren, die sich über den Fußboden schlängeln, bekommen die meisten Katzen nicht genug. Im Sitzen oder Stehen ist eine Katzenangel besser zum Spielen geeignet. Laufen Sie jedoch herum, machen Sie Ihrer Katze eine große Freude, wenn Sie eine Schnur hinter sich herziehen. Bedenken Sie: Am interessantesten sind Spielobjekte für Katzen dann, wenn sie sich aus ihrem Gesichtsfeld entfernen. Eine Schnurschlange, die um den Türstock herum verschwindet, muss sofort verfolgt werden.

Dieses Spiel lässt sich sehr einfach in den Alltag integrieren. Binden Sie sich eine Schnur um den Knöchel und verrichten Sie dann Hausarbeit, bei der Sie sich in der Wohnung hin und her bewegen. Die Katze wird begeistert von dieser Wohnungsschlange sein und sie belauern, sobald sie still liegt, hinter ihr herspringen, wenn sie um eine Ecke verschwindet, sie immer wieder fangen und wieder loslassen.

Bitte lassen Sie Schnüre nach dem Spiel nicht herumliegen.

Futter fangen

Eine verblüffend einfache Methode der Beschäftigung von Katzen, während man selbst zum Beispiel fernsieht oder liest, besteht darin, nebenbei Trockenfutter zu werfen. Katzen finden es toll, hinter den Bröckchen auf dem Boden herzujagen, sie einzufangen und zu fressen.

Dieses Spiel gibt es in verschiedenen Schwierigkeitsgraden für die Katze und auch den werfenden Menschen. Versuchen Sie doch einmal, in einen Karton oder eine Kunststoffbox zu treffen. Die Katze muss nun hinterherspringen, um an das Leckerchen zu kommen. Bleibt die Katze danach im Karton sitzen, werfen Sie die nächste Leckerei so, dass die Katze wieder aus dem Karton herausspringen muss.

Sie können in die Box verschiedene Dinge packen, um die Suche für die Katze etwas zu erschweren. Dazu eignen sich beispielsweise Kunststoffbälle, Tannenzapfen, Korken oder auch zerknülltes Zeitungspapier. Nun muss die Katze zusätzlich ihre Nase einsetzen, um das Leckerchen zu entdecken.

Vorsicht vor zu vielen Extras

Bitte ziehen Sie den Anteil des Futters, das Sie gemeinsam mit der Katze verspielen, unbedingt von der täglichen Futterration ab. Bei Katzen schlägt schon ein zusätzlicher gehäufter Esslöffel Trockenfutter langfristig deutlich auf die Hüften.

Manche Trockenfutterhersteller produzieren sehr große Futterbröckchen. Wenn Sie diese zum Beispiel mit einem Tablettenteiler aus der Apotheke halbieren, haben Sie und die Katze doppelt so viel Spaß.

Sobald Sie zuverlässig in Kartons treffen, versuchen Sie Ihr Geschick doch an schwierigeren Zielen. Treffen Sie auf die Sitzfläche eines Hockers oder eines Stuhls und das auch noch so, dass das Leckerchen liegen bleibt? Aus diesem Spiel lässt sich leicht ein Signal fürs Herkommen trainieren. Mehr dazu im Kapitel über die Erziehung ab Seite 45.

Das Fangen von Futter ist ganz besonders für dicke Katzen das perfekte Spiel. Häufig sind sie an Spielen nicht sonderlich interessiert. Doch wenn es ums Fressen geht, sind sie bereit, ein paar Schritte zu laufen. Nutzen Sie diese Chance und lassen Sie Ihre Katze fürs Fressen arbeiten. Und auch wenn Ihr kleiner Moppel gern spielt, lassen Sie ihn sich sein Futter verdienen. Sie können dabei sogar die Ration verringern, denn wenn er sich sein Fressen fängt, ist er mit weniger Futter wesentlich länger beschäftigt, als wenn Sie ihm ein Schüsselchen hinstellen. Er wird gar nicht bemerken, dass er weniger bekommt. Ganz nebenbei hat er Spaß, Erfolgserlebnisse, und Selbstgefangenes schmeckt auch noch besser.

Falls Sie auf die Fütterung von Trockennahrung verzichten, finden Sie im nächsten Kapitel Ideen, wie Sie auch anderes Futter in einen Futterparcours einbauen können.

Hinter einem Leckerchen her geht's mit Schwung in eine Box, gefüllt mit Kunststoffeiern und Sektkorken. (Foto: Slawik)

Für Neugierige:
Suchen und auspacken

Fast alle bisher erwähnten Spielzeuge und Spielideen haben eine Gemeinsamkeit: Sie zielen ausschließlich auf Verfolgen und Fangen ab und
machen der Katze nur Spaß, wenn ein Mensch
mitspielt und das Spielzeug bewegt. Bei Spielideen, die das Neugierverhalten von Katzen nutzen, brauchen Katzen keinen direkten Spielpartner. Der Mensch muss nur einige Vorarbeiten
leisten und kann seiner Katze anschließend entspannt zusehen.

Futter suchen

Sicher haben Sie Ihre Katze schon dabei beobachtet, wie sie ihre Kontrollrunden durch die
Wohnung dreht und nachsieht, ob alles beim
Rechten ist? Sorgen Sie für Überraschungen auf
diesen Runden, indem Sie Ihrer Katze allerlei
Leckereien auslegen. Trockenes Futter eignet
sich dafür besonders. Um Ihre Katze anfangs auf
den Geschmack zu bringen und sie zum Suchen

anzuregen, können auch andere, ganz besonders schmackhafte Leckereien zum Einsatz kommen. Alles, was Flecken machen könnte, legen Sie einfach auf kleinen Tellerchen, Untersetzern oder den umgedrehten Deckeln von Schraubgläsern aus.

Auch bei den Futterspielen in diesem Kapitel denken Sie bitte daran, den Spieleinsatz von der Tagesration Ihrer Katze abzuziehen.

Geeignete Verstecke sind auf dem Kratzbaum, auf Fensterbänken, auf und in Schränken, in Regalen, unter und hinter Möbeln, hinter Türen und zwischen Blumentöpfen. Sie selbst kennen Ihre Wohnung mit Schlupfwinkeln und guten Verstecken am besten.

Machen Sie es Ihrer Katze anfangs so leicht wie möglich und zeigen Sie ihr, dass Sie Futter für sie auslegen. Während die Katze das erste Bröckchen auf der Fensterbank frisst, gehen Sie weiter und legen ein Stück Futter zwischen zwei Blumentöpfe. Die Katze wird Sie beobachten und sofort nachfolgen. So legen Sie, verfolgt von der Katze, an verschiedenen Orten Leckerchen aus. Beim nächsten Mal weiß die Katze sicher schon, worum es geht, und Sie können schneller auslegen, wobei Sie noch dieselben Stellen wie beim ersten Mal benutzen. Die Katze hat sie sich gemerkt und wird genau dort nachsehen. So können Sie von Mal zu Mal die Anforderungen steigern, immer neue Stellen hinzunehmen und die Runden auf weitere Zimmer ausweiten.

Ziel dieses Suchspiels ist, dass die Katze draußen oder in einem Zimmer wartet, während Sie Futter auslegen, und erst zu suchen beginnt, wenn Sie fertig sind. Dabei sollten die Verstecke variieren, damit die Katze tatsächlich suchen muss und nicht einfach eine gewohnte Route abläuft.

Katzen, die Nassfutter, Selbstgekochtes oder Rohfleisch fressen, bekommen ihre Mahlzeiten nicht mehr am gewohnten Platz, sondern in mehrere Tagesrationen aufgeteilt in kleinen Schälchen, Deckeln von Schraubgläsern oder Ähnlichem, und sie müssen ihr Futter in der gesamten Wohnung suchen.

Stellen Sie Ihrer Katze dazu zunächst eine Miniportion an den gewohnten Platz. Sobald die Katze fertig gefressen hat und Sie empört ansieht, zeigen Sie ihr das zweite Portiönchen und gehen damit ein paar Schritte, um es dann abzustellen. Hat die Katze auch diese Portion gefressen, stellen Sie die dritte Portion auf die oberste Fläche des Kratzbaums. Sie werden bemerken, dass Ihrer Katze diese Futtersuche nach etwas anfänglichem Argwohn sehr schnell Spaß macht.

Bei dieser Leckerchen suchenden Katze brauchen sich die Besitzer keine Sorgen um die Figur zu machen. (Foto: Slawik)

Futter auspacken

Das Auspacken von Futter ist die Steigerung des Suchens. Katzen sind nicht nur sehr geschickt mit ihren Pfoten, sie lieben es auch, ihre Pfoten zu benutzen, Papier zu zerfetzen und das Objekt ihrer Begierde irgendwo herauszufummeln. Sicher finden sich auch in Ihrem Haushalt einige Dinge, mit denen Sie gleich ein Auspackspiel mit Ihrer Katze testen können.

Wenn Katzenbesitzer älter werden ...

... und selbst nicht mehr so beweglich sind, gibt es dennoch gute Möglichkeiten für gemeinsame Spiele mit der Katze. Gerade das Auspacken von Futter kann man sehr gut auf einem Tisch mit der Katze spielen. Man kann dabei bequem sitzen.

Auch Pfötelspiele mit einem Karton, versehen mit einigen Löchern im Boden, und mit einem Katzenwedel lassen sich gut auf einem Tisch spielen. Dazu wird der Karton auf die Seite gestellt, sodass der Boden mit den Löchern zur Katze zeigt. Sie sitzen vor der Öffnung des Kartons, stecken die Lederstreifen des Katzenwedels durch ein Loch und ziehen sie mit kleinen, ruckartigen Bewegungen in den Karton zurück. Dadurch regen Sie die Katze stark zum Spielen an, da sie auf Bewegungen sehr gut reagiert.

Auch Katzenfummelbretter und das Fun Board (siehe ab Seite 79) sind sehr gut für körperlich eingeschränkte Katzenhalter geeignet, da man sie von oben mit Leckerchen befüllen kann, selbst wenn feine motorische Bewegungen der Hände nicht möglich sind. Übrigens: Nicht nur unerschrockene Katzen, sondern auch deren Besitzer haben oft viel Spaß an ferngesteuerten Autos, die heute erstaunlich klein, leise und erschwinglich sind. Von einem Bett oder Rollstuhl aus lassen sich bewegungsfreudige Katzen mit einem solchen Flitzer bestens unterhalten – vor allem wenn Sie weiteres Spielzeug wie eine Feder oder Leckerchen in das kleine Fahrzeug legen.

Mit einem solchen Karton und Katzenwedel kann man sehr gut an einem Tisch sitzend mit der Katze spielen. (Foto: Dbalý)

Futter im Tuch

Nehmen Sie ein kleines ausgedientes Hand- oder Geschirrtuch und ein paar Leckerchen. Breiten Sie das Tuch aus, legen Sie die Leckerchen auf das Tuch und falten Sie das Tuch zusammen. Ihre Katze lassen Sie natürlich dabei zusehen.

Vermutlich will sie verhindern, dass Sie die Leckerchen einpacken. Doch wenn sie geduldig wartet, bis Sie fertig sind, darf sie sie sofort auspacken.

Zuschauen sollte die Katze anfangs, damit sie das Spiel kennenlernt. Legen Sie ihr nämlich einfach ein Futterpaket aus Tuch hin, wird sie damit nichts anzufangen wissen.

Sie können das Tuch auch einrollen. Am Anfang verteilen Sie die Leckerchen bitte über das ganze Tuch, sodass die Katze bereits bei den ersten Ausrollversuchen ihre Erfolgserlebnisse hat. Der höchste Schwierigkeitsgrad ist erreicht, wenn Sie die Leckerchen mit dem ersten Einschlag einrollen. Die Katze kommt nun nur an die Leckereien, wenn sie die gesamte Rolle bis zum Ende ausrollt.

Geduldig heißt es abzuwarten, …

… bis die Leckerchen versteckt sind.

Zur Belohnung bringt die Jagd …

… einen schnellen Erfolg.

Mit solchen kleinen Futterpaketen können sich Wohnungskatzen gut die Zeit vertreiben, während ihre Halter arbeiten. (Foto: Dbalý)

Teebeutel auspacken

Falls Sie einzeln verpackte Teebeutel im Haus haben, verstecken Sie Ihrer Katze doch einmal ein oder zwei Bröckchen Trockenfutter in einer der Papiertaschen, in die die Teebeutel verpackt sind. Sie können auch einen Teebeutel leeren und das Trockenfutter dort hineinfüllen.

Gefüllte Rollen

Auch in leere Rollen von Küchen- oder Toilettenpapier können Sie Leckerchen füllen. Die Enden stopfen Sie mit Zeitungspapier zu. Die Katze wird den raschelnden und klappernden Gegenstand hin und her rollen und von allen Seiten untersuchen.

Auch hier sollte die Aufgabe am Anfang möglichst leicht für die Katze sein. Nehmen Sie viele gute Leckerchen, stecken Sie das Zeitungspapier nur ganz locker in die Öffnungen und sorgen Sie dafür, dass bereits beim Herausziehen die ersten Leckerchen mit herausfallen. Helfen Sie die ersten Male ruhig mit. Zeigen Sie der Katze, dass sie nur an die Leckerchen kommt, wenn sie das Papier herauszieht.

Sobald die Katze das Prinzip dieses Spiels verstanden hat, können Sie den Schwierigkeitsgrad steigern und variieren. Nehmen Sie zum Verschließen der Öffnungen mehrere Papierfetzen, die die Katze dann einzeln herausziehen muss, um an die Futterbröckchen zu kommen. Stopfen Sie die Löcher fester zu, damit die Katze sich mehr anstrengen muss. Wechseln Sie mit Zeitungspapier und Leckerchen ab, sodass mehrere Futterkammern entstehen. Mischen Sie trockene Nudeln unter die Leckerchen – das klappert sehr schön, und die Katze wird ihre Anstrengungen noch erhöhen.

Wer hat den Dreh raus?

Katzen, die den Trick mit dem Zeitungspapier verstanden haben, finden in einer geschlossenen Rolle mit Löchern eine neue Herausforderung. Schneiden Sie mit einer Nagelschere Löcher in eine Papierrolle, drücken Sie die Enden nach innen, sodass die Rolle relativ gut verschlossen ist, und füllen Sie Trockenfutter durch eines der Löcher in die Rolle – fertig ist ein perfektes Roll-Pfötel-Spielzeug. In die ersten Rollen sollten Sie viele große Löcher schneiden, damit die Katze schnelle Erfolge hat. Eventuell müssen Sie auch ein paar Bröckchen neben die Rolle legen, damit die Katze anfängt, die Rolle anzustupsen.

Bei Anfängern werden die Öffnungen nur ganz locker mit dem Papier verschlossen –
Profis kann man das Spiel ruhig etwas erschweren.
(Foto: Slawik)

Diese Rolle ist mit Spielsteinen aus Holz verschlossen.
(Foto: Slawik)

Hat die Katze den Dreh raus, basteln Sie ihr schwierigere Futterrollen. Machen Sie die Löcher kleiner, schneiden Sie weniger Löcher in die Rolle, reduzieren Sie die Trockenfuttermenge und füllen Sie zusätzlich Nudeln oder andere klappernde Dinge hinein.

Mauselochkarton

Katzen lauern gern vor Löchern, Spalten und Ritzen und fassen auch hinein, wenn es darin raschelt oder sie etwas Interessantes sehen. Schenken Sie Ihrer Katze einen Mauselochkarton. Dazu brauchen Sie einen geschlossenen Karton, an dem Sie auf Bodenhöhe Löcher in die Ecken und, abhängig von der Größe des Kartons, eventuell auch in die Seiten schneiden. Die Katze sollte mit der Pfote jeden Punkt auf dem Boden des Kartons erreichen können. Oben schneiden Sie noch ein kleines Loch in den Karton, durch das Sie Leckerchen, kleine Bälle, Fellmäuse und andere klappernde Sachen hineinwerfen, und los geht das Pfötelvergnügen.

Auch diese Spielidee müssen Sie Ihrer Katze zuerst erklären. Am besten lassen Sie sie bereits beim Basteln zusehen, so wird der Karton schnell interessant. Die ersten Leckerchen füllen Sie noch nicht durch das dafür vorgesehene Loch im Deckel. Legen Sie Leckerchen in die Löcher in den Ecken, sodass die Katze sie sehen und leicht erreichen kann. Hat die Katze verstanden, dass es in diesen Öffnungen etwas zu holen gibt, können Sie die Leckereien immer weiter nach innen rollen und schließlich auch durch das Loch im Deckel fallen lassen. Vermutlich wird die Katze dann zuerst versuchen, durch den Deckel an die Beute zu kommen, sie wird sich aber schnell daran erinnern, dass es noch andere Öffnungen gibt, bei denen sie bisher immer Erfolg hatte.

Auf den meisten Bodenbelägen rutscht ein Karton, sobald die Katze zu fummeln beginnt. Manche Katze stört das nicht, sie rutschen einfach nach. Andere Katzen nutzen das aus und stoßen recht heftig mit dem Kopf dagegen, um zu testen, ob darin etwas klappert und sich das Fummeln überhaupt lohnt. Wieder andere Katzen mögen es gar nicht,

wenn der Karton herumrutscht. Kleben Sie in diesem Fall mit doppelseitigem Klebeband eine Antirutschmatte passend zum Bodenbelag darunter.

Das Hütchenspiel

Eine Katze, die alle bisher aufgeführten Spielideen ohne Probleme gelöst hat, ist der richtige Kandidat für das Hütchenspiel. Dazu brauchen Sie einen Eierbecher, ein stabiles kleines Schnapsglas oder einen kleinen Kunststoffbecher, sehr gute Leckerchen und eine ausgeschlafene Katze. Zeigen Sie der Katze den Becher und die Leckerchen und geben Sie ihr

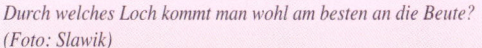

Durch welches Loch kommt man wohl am besten an die Beute?
(Foto: Slawik)

Auch zu zweit lässt sich gut mit dem Hütchen spielen, …

… auch wenn zum Schluss leider nur einer Sieger sein kann.
(Fotos: Slawik)

eines der Superleckerchen, um sie auf den Geschmack zu bringen und zu motivieren. Dann zeigen Sie ihr ein weiteres Leckerchen, legen es auf den Boden und stülpen das Hütchen darüber. Die Katze wird das Hütchen verdutzt umrunden und eine Öffnung suchen. Kunststoffbecher fallen leicht um, wenn die Katze sie mit der Nase anstupst. Sie sind deshalb der richtige Einstieg in dieses Spiel. Hat die Katze begriffen, worum es geht, können Sie auf schwerere Hütchen umsteigen. Ein kleines Schnapsglas ist recht stabil und fällt nicht so leicht um. Bitte verwenden Sie keine dünnwandigen, bruchempfindlichen Likörgläschen. Heftig schnurrend wird die Katze das Hütchen umrunden und durch das Zimmer schieben, bis sie endlich den richtigen Schwung mit der Pfote drauf hat. Sobald die Katze Spaß an dem Spiel gefunden hat, können Sie die Superleckerchen gegen einfachere Beute eintauschen.

Spielen Sie das Hütchenspiel nur auf weichen Bodenbelägen. Glas und Steinboden vertragen sich nicht.

Noch kniffliger als das Umwerfen eines Bechers ist das Leckerchenangeln unter einem Kunststoff-

oder Kartonteller das Sie bequem am Tisch sitzend mit Ihrer Katze spielen können. Schneiden Sie mit einer Nagelschere in den Tellerboden ein Loch von höchstens einem Zentimeter Durchmesser. Benutzen Sie als Unterlage ein Servierbrett mit erhöhtem Rand und legen Sie den umgestülpten Kunststoff- oder Kartonteller darauf. Zeigen Sie Ihrer Katze ein Leckerchen und lassen Sie es durch das Loch im Kartonteller fallen. Halten Sie das Servierbrett fest. Die erhöhten Seiten des Servierbretts verhindern, dass der Kartonteller sofort weggeschoben wird, wenn die Katze nun aktiv wird. Kann sie nach wenigen Versuchen den Teller nicht umdrehen, heben Sie ihn an und ermöglichen Ihrer Katze einen Jagderfolg. Verstecken Sie vor den Augen der Katze ein weiteres Leckerchen. Damit das Spiel spannend bleibt, legen Sie zur Abwechslung Leckerchen unter ein Taschentuch oder bieten Sie es der Katze in einer halb geöffneten Streichholzschachtel an. Halten Sie dabei die Streichholzschachtel fest. Mit der Pfote kann die Katze die Schachtel vollständig öffnen und das Leckerchen erbeuten.

(Foto: animals digital/Brodmann)

Wasserscheu?
Schöne Spiele
rund ums Wasser

Im Gegensatz zu vielen ihrer kleinen und großen wilden Artgenossen lieben Hauskatzen
Wasser im Allgemeinen nicht besonders. Doch
es gibt Ausnahmen. Viele verspielte Jungkat-
zen finden Wasser faszinierend und anziehend.
Die Türkisch Van ist eine ausgesprochene
Wasserratte, man nennt sie deshalb auch gern
Schwimmkatze. Auch unter den erwachsenen
Katzen verschiedener anderer Rassen findet
sich die eine oder andere Katze, die gern in
Pfützen, Teichen, Brunnen, Gießkannen, Blu-
menvasen und sogar Toiletten angelt. Für diese Hausgenossen gibt es wunderbare Spiele
mit Wasser.

Hier ist Geschick gefragt: Phönix angelt mit der Zunge ein Leckerchen von der schwimmenden Kunststoffblüte. (Foto: Slawik)

Zimmerbrunnen

Zimmerbrunnen sind nicht nur ein schöner Blickfang. Sie wirken sich auch günstig auf das Raumklima aus, und das Plätschern, die Bewegungen und Lichtreflexionen im Wasser wecken das Interesse Ihres Stubentigers. Zur Begrünung verwenden Sie bitte katzengerechte, ungiftige Pflanzen. Der Tierarzt, viele Blumenfachhändler und Gärtner können diesbezüglich kompetent Auskunft geben. Damit er für die Katze dauerhaft spannend bleibt, können Sie den Brunnen mit einer Zeitschaltuhr versehen. So läuft er nicht ständig, sondern nur zu bestimmten Zeiten. Da Katzen gern aus Zimmerbrunnen trinken, achten Sie bitte stets auf gute Wasserqualität und reinigen den Brunnen regelmäßig. Von chemischen Wasserzusätzen sollten Sie Abstand nehmen.

Fischen erlaubt

Hobbyfischern unter den Katzen können Sie ein größeres, kippsicheres Gefäß mit lauwarmem Wasser füllen. Wenn Sie nun schwimmende Spielzeuge wie Kunststoffdeckel oder Bällchen in diesen kleinen See werfen, wird die Katze vorsichtig versuchen, die Spielsachen herauszuangeln. Manche Katzen kann man dabei beobachten, wie sie gezielt mit einer Pfote ins Wasser stoßen und das Spielzeug mit einem Schlag über die Schulter hinter sich werfen, um es dann sogleich anzuspringen und festzuhalten. Für Stubentiger, die sich nicht vor richtig nassen Pfoten scheuen, können Sie ein Spielzeug ins Wasser werfen, das langsam untergeht. Korkzapfen als Fische im Katzensee finden Katzen äußerst faszinierend. Ragt aus dem Zapfen oben eine Feder heraus, wird die Katze auch an Land noch freudig mit ihm spielen, nachdem sie ihn erbeutet hat.

Einer Katze, die das nasse Element zwar optisch faszinierend findet, die sich aber ungern nasse Pfoten holt, können Sie Leckerchen in schwimmenden Schiffchen anbieten, die sie mit dem Maul angeln kann.

Als schwimmendes Transportmittel einigen sich Papierschiffchen, kleine Holzstücke, Kunststoffblumen oder halbierte leere Nussschalen. Falls eine Katze absolut kein bevorzugtes Leckerchen hat, für das sie gern angelt, bieten Sie ihr einen frisch gepflückten Katzengrashalm oder eine kleine Feder als Beute an.

Wasser marsch!

Katzen, die sich gar nicht vor Wasser zieren, können sich wunderbar an einem tropfenden oder sogar laufenden Wasserhahn oder mit dem Strahl einer Dusche beschäftigen. Sie beschnuppern niesend den Wasserstrahl und pföteln in das Wasser hinein. Manche Katzen quetschen sich sogar mit Kopf und Körper wohlig blinzelnd unter den laufenden Wasserhahn. Achten Sie darauf, dass das Wasser weder zu kalt noch zu heiß ist.

Einmal Kapitän sein

Manche Katzen lieben Ganzkörperbäder und schätzen es sehr, wenn Sie ihnen ab und zu ein warmes Bad einlassen.

Stellen Sie der Katze einen niedrigen Hocker mit einem Badetuch in die Wanne. Von diesem Platz aus kann der kleine Katzenkapitän zusehen, wie das Wasser einläuft, und entscheiden, wann er

Faramir liebt Wasserspiele –
vor allem wenn seine Menschen mitmachen.
(Foto: Dbalý)

eintauchen will. In einer mäßig mit Wasser gefüllten Badewanne lässt es sich wunderbar waten, scharren und nach gesunkenen oder schwimmenden Spielsachen angeln. Spielen Sie ruhig mit, das wird die Katze zusätzlich stimulieren.

Stellen Sie sicher, dass die Katze beim Einsteigen und Verlassen der Badewanne nicht ausrutschen kann. Der Hocker in der Wanne, Badetücher über dem Badewannenrand und auf dem Boden bieten Hilfe beim Ein- und Ausstieg sowie Rutschsicherheit für Mensch und Tier – so sind dem Badespaß keine Grenzen gesetzt.

Anschließend sorgen Sie bitte dafür, dass sich Ihre Katze an einem warmen, zugsicheren Platz trocken lecken kann. Bieten Sie ihr ein Badetuch an, in das sie sich einkuscheln kann. Wenn sie es mag, können Sie der Katze beim Abtrocknen helfen und sie sachte trocken rubbeln.

Erschrecken Sie nicht, falls Ihre badebegeisterte Katze nun das nächste Mal mit Ihnen baden möchte. Erlauben Sie es ihr jedoch nur, wenn Sie keinen Badezusatz verwendet haben.

(Foto: Slawik)

Grüße aus der weiten Welt –
Extras für Wohnungskatzen

Wie eingangs bereits erwähnt, haben Gerüche für Katzen eine enorme Bedeutung. Ein Großteil ihrer Kommunikation läuft über Geruchsbotschaften. Während wir Menschen mit den Augen die wichtigsten Informationen über Veränderungen in unserer Umwelt wahrnehmen, sammelt die Katze vor allem mit der Nase Eindrücke über ihre Umwelt. Wenn sie einen Raum betritt, vermitteln ihr die Gerüche, ob alles am rechten Ort steht, wer anwesend ist, ob sie ihre eigenen Markierungen auffrischen muss und ob fremde Markierungen gesetzt wurden.

Viele Wohnungskatzen sind nicht sehr trainiert, auf Fremdes im Allgemeinen und fremde Gerüche im Besonderen gelassen und neugierig zu reagieren. Es mangelt ihnen von klein auf an den Erfahrungen aus einer sich ständig verändernden Umwelt. Sie haben im Vergleich zu Freigängern kaum Gelegenheit, den angepassten Umgang mit Neuem zu trainieren. Deshalb sollten Sie Ihrer Wohnungskatze immer wieder wohldosiert neue Eindrücke und Geruchserlebnisse bieten.

Wo kommst du denn her?

Lassen Sie Ihre Katze an der Welt der Gerüche jenseits der Wohnungstür teilhaben. Alle Kleidungsstücke, die Sie draußen tragen, riechen für die Katze fremd und interessant.

Wenn Sie gestresst vom Einkaufen zurückkommen, reagieren Sie bitte nicht ungehalten, wenn Ihre Katze Ihnen beim Auspacken der Einkäufe helfen möchte. Nutzen Sie diese Gelegenheit, der Katze etwas Abwechslung zu bieten, und stellen Sie ihr den Einkaufskorb auf den Boden, damit sie ihn untersuchen kann.

Auch Einkaufstüten aus Papier und anderes ungefährliches Verpackungsmaterial wie Kunststoffschalen für Obst oder Gemüse, Müslischachteln, geöffnete Briefkuverts und Ähnliches können Sie der Katze einige Zeit zum Untersuchen überlassen, bevor Sie sie wegwerfen. Die Henkel von Tragetaschen sollten Sie abschneiden oder durchtrennen, damit die Katze sich nicht darin verheddern oder gar würgen kann.

Legen Sie Ihrem Wohnungstiger doch einmal einen Parcours aus einer Reihe von Mitbringseln aus dem Supermarkt – nein, kein Futter, sondern diver-

Straßenschuhe sind sehr spannende Geruchsträger.
(Foto: Slawik)

Die Neugierde ist groß: Was da wohl drin war?
(Foto: Slawik)

se ungefährliche Verpackungen. Ans Ende stellen Sie den Einkaufskorb. Wundern Sie sich nicht, wenn die Katze die Dinge nicht in der Reihenfolge untersucht, wie Sie sie ausgelegt haben. Die Schachteln und Tüten riechen unterschiedlich interessant. Sie würden auf die optisch ansprechendste Verpackung zustcucrn, die Katze steuert diejenige an, die am interessantesten riecht. Sie können die Mitbringsel auch in verschiedenen Räumen verteilen oder der Katze einen Geruchskorb hinstellen: Packen Sie dazu einfach alle Verpackungen in den Einkaufskorb, in dem die Katze dann nach Herzenslust stöbern darf. Wenn Sie Ihre Einkäufe in einem Karton aus dem Supermarkt nach Hause transportieren, tun Sie Ihrer Katze einen besonderen Gefallen: Katzen lieben Kartons! Sie riechen nicht nur spannend, sondern man

kann auch hineinspringen, sich hineinlegen, sich darin verstecken und über den Rand linsen. Sie können den Karton auf die Seite legen und so der Katze eine offene Höhle schaffen. Oder Sie schneiden ein großes Loch in eine der Seiten und drehen ihn um – was für ein tolles Katzenversteck!

Mitbringsel aus der Natur

Bringen Sie Ihrer Wohnungskatze Tannenzapfen, Kastanien, Eicheln, Holzstückchen oder Blätter von einem Waldspaziergang, Muscheln von einem Strandurlaub oder Steine von einem Ausflug in die Berge mit: Sie wird alles interessiert beriechen.

*Steine stecken voller Gerüche aus der Natur und sind deshalb ein spannendes Mitbringsel für Wohnungskatzen.
(Foto: Tierfotoagentur/Richter)*

Noch spannender ist es, wenn Sie Mitbringsel in verschiedenen Zimmern verstecken, sodass die Katze bei ihren Rundgängen durch die Wohnung immer wieder etwas Neues entdeckt. Kastanien, Eicheln und Muscheln eignen sich außerdem hervorragend als Spielzeug und sind zumindest für kurze Zeit interessanter als die altbekannten Fellmäuse oder Bälle. Ein Karton, gefüllt mit raschelndem Herbstlaub oder Heu, in das die Katze eintauchen kann, um Leckerchen herauszuholen, ist eine beliebte Abwechslung zum Raschelkarton mit Zeitungspapier – und Ihre Katze wird die Leckerchen darin fast vergessen. Auf dem Land bekommen Sie Heu überall, in der Stadt in verschiedenen Duftnoten in der Nagerabteilung des Zoofachhandels.

Echte Bäume für die Wohnung

Für Katzenpfoten, die nur Teppichboden und Fliesen kennen, sind Naturmaterialen der pure Luxus. Einen Kletter- und Kratzbaum aus echten Baumstämmen oder dicken Ästen nehmen die meisten Katzen sehr gern an. Sie können solche Bäume im Internet bestellen oder auch ganz leicht selbst bauen. Alles, was Sie brauchen, ist etwas Zeit, eine Bohrmaschine, Holzschrauben, Holzplatten (günstig als Verschnitt im Baumarkt zu erwerben), eine Antirutschmatte, eventuell Winkel, Dübel und Wandschrauben und natürlich einen Baumstamm oder dicken Ast. Beim Forstamt in der Nähe sagt man Ihnen sicher, wo Sie etwas Bruchholz bekommen können.

Katzengarten

Gönnen Sie Ihrer Katze anstelle von Katzengras doch einmal eine richtige Wiese mit Gänseblümchen, Scharfgabe und anderen Kräutern und Blumen. Geeignet sind eine Blumenrasen- oder Kräuterrasenmischung oder eine Saatmischung zur Dachbegrünung. Diese Mischung säen Sie in einem nicht zu tiefen, aber etwas breiteren Blumentopf oder einer Pflanzschale aus. Ein heller, leicht sonniger Platz in der Wohnung reicht völlig aus, um dieses Stück Natur ins Haus zu holen – Sie brauchen nicht einmal einen Balkon dafür.

(Foto: Slawik)

Man kann sie doch erziehen – spielend!

„Katzen kann man nicht erziehen." So lautet die landläufige Meinung, und wer unter Erziehung blinden Gehorsam versteht, hat durchaus recht. Dennoch sind Katzen sehr intelligente Tiere, die ihr Leben lang auf veränderte Umwelt- und Lebenssituationen reagieren und dazulernen. Wenn Sie als Halter wissen, wie Katzen lernen und was sie motiviert beziehungsweise hemmt, sind Sie in der Lage, das Verhalten der Katze erzieherisch zu verändern.

Durch und durch unterschiedlich – und doch verstehen sich diese beiden gut.
(Foto: Slawik)

Katzen sind keine Hunde

Während ihrer langen Entwicklungsgeschichte lebten Katzen nie in Rudeln und somit auch nicht in Abhängigkeiten. Katzen jagen allein, Kätzinnen können ihre Jungen allein aufziehen. Erwachsene Katzen brauchen niemanden, um zu überleben. Viele Katzen sind sehr sozial und leben gern gesellig, sie sind aber nicht darauf angewiesen. Wenn sie sich jemandem anschließen, tun sie das freiwillig

und nicht, weil sie genetisch darauf programmiert sind, in einem Sozialverband zu leben. Um aggressive Auseinandersetzungen im Rudel zu vermeiden, haben zum Beispiel Wölfe ein sehr vielschichtiges Kommunikationsrepertoire entwickelt, in dem Beschwichtigung sowie aktive und passive Unterwerfung eine große Rolle spielen. Katzen fehlen diese kommunikativen Mittel.

Unsere Haushunde sind zwar keine Wölfe, dennoch können sie ihre genetische Verwandtschaft zum Wolf nicht leugnen. Hunde reagieren auf Strafen und unberechenbares Verhalten ihres Halters sehr lange mit Beschwichtigung. Katzen hingegen gehen bei Bedrohung durch den Sozialpartner Mensch auf Distanz und entziehen sich. Erziehungsmethoden, die auf der strafenden Korrektur von unerwünschtem Verhalten basieren oder mit Zwang arbeiten, wie Menschen sie oft anwenden, sind bei Katzen völlig kontraproduktiv.

Damit soll natürlich nicht ausgedrückt werden, dass man Hunde in der Erziehung strafen soll oder gar muss. Hunde verweigern uns – im Gegensatz zu Katzen – nur nicht sofort die Zusammenarbeit, wenn wir es tun.

Wie lernen Katzen?

Katzen lernen über Erfolg und Misserfolg. Verhalten, das sich für sie lohnt, zeigen sie öfter, nicht lohnendes Verhalten hingegen seltener. In der Theorie klingt das ganz einfach – doch wie steuert man das im Alltag?

Mit dem vertrauten Menschen zu näseln gehört zu den sehr lohnenswerten Dingen im Katzenleben. (Foto: Slawik)

Lohnend ist alles, was die Bedürfnisse einer Katze in diesem Moment befriedigt, zum Beispiel fressen, schlafen, auf die Toilette gehen oder kratzen. Lohnend ist auch, wenn sie tun kann, wozu sie gerade Lust hat, beispielsweise in den Garten gehen, einem Vogel hinterhersausen, mit der Partnerkatze balgen oder Kontakt zum Halter aufnehmen. Belohnend ist außerdem alles, was man der Katze gibt und was ihr in diesem Moment gut gefällt und Spaß macht. Das kann ein Leckerchen, ein Geruch, Spiel oder Zuwendung sein. Es ist individuell sehr unterschiedlich, was Katzen als Belohnung empfinden. Belohnung ist nicht zwingend das, was wir Menschen uns darunter vorstellen. Die Belohnung muss zur Katze und ihren aktuellen Bedürfnissen passen, um von ihr als positiv empfunden zu werden. Auf eine scheue Katze, die sich nicht gern anfassen lässt, kann Streicheln wie eine Strafe wirken. Doch auch menschenbezogene Katzen wollen nicht immer angefasst werden, manchmal finden sie es viel schöner, Köpfchen zu geben oder eine kleine Plauderei mit Ihnen zu halten.

Eine an sich sehr spielfreudige Katze, die gerade von einem mehrstündigen Ausflug heimkommt, freut sich in diesem Moment vielleicht mehr über ein Schüsselchen Futter als über ein Spielangebot. Viele Katzen sind sehr wählerische Fresser. Glücklicherweise sind sie aber gleichzeitig meist auch große Naschkatzen, die ganz spezielle Vorlieben für bestimmte Leckereien haben. Sicher kennen Sie die kulinarischen Schwachstellen Ihrer Katze. Nutzen Sie sie! Gerade um neue Verhaltensweisen zu formen, eignen sich Leckerchen als Belohnung am besten. Bitte denken Sie daran, dass gezuckerte, gewürzte und fetthaltige Leckerchen vom Speiseplan des Menschen nicht zur Ernährung Ihrer Katze geeignet sind.

Das A und O erfolgreicher Katzenerziehung besteht darin, die Augen offen zu halten und zu erkennen, wann die Katze Dinge tut, die Ihnen gut gefallen. Genau diese Verhaltensweisen sollten Sie belohnen, dann wird die Katze sie öfter zeigen.

Nicht lohnend sind Verhaltensweisen, mit denen die Katze einen gewünschten Erfolg nicht erzielen oder ein Bedürfnis nicht befriedigen kann. Nicht lohnend sind aber auch alle Verhaltensweisen, für die es lohnendere Alternativen gibt.

Es ist also völlig überflüssig, ein Verhalten, das Ihnen nicht gefällt, durch Strafe abzubrechen. Sorgen Sie einfach dafür, dass die Katze eine Alternative kennenlernt, die sich mehr für sie lohnt.

Verhalten im Alltag spielend verändern

Fragt man Katzenhalter, was sie an ihren Katzen stört, werden fast immer die gleichen Unarten genannt. Häufig geht es darum, dass die Katze zu Unzeiten im Weg ist, stört oder Zuwendung einfordert. Im Folgenden werden Sie lesen, wie man solches Verhalten elegant und spielerisch ändern kann.

Der Muntermacher

Sie gehören auch zu den bedauernswerten Menschen, die frühmorgens von ihrer Katze bearbeitet werden, bis Sie aufstehen? Und irgendwann stehen Sie dann missmutig auf, damit die Katze Ruhe gibt? Ihre Katze hat Sie sehr gut erzogen. Wenn sie nur lange genug Ihre Wange anstupst, vorsichtig eine Kralle in Ihren Nasenflügel bohrt, auf Ihnen spazieren geht, maunzt oder im Bett herumspringt, reagieren Sie früher oder später immer.

Katzen können ganz schön nerven – wenn man ausschlafen möchte und der Stubentiger längst zum gemeinsamen Tagesprogramm aufgelegt ist. (Foto: Tierfotoagentur/Richter)

Sicherlich hat man Ihnen bereits empfohlen, die Katze und ihr Treiben so lange absolut zu ignorieren, bis die Katze gelernt hat, dass Sie nicht mehr reagieren. Dann wird sie das Verhalten einstellen. Dieses Löschen eines Verhaltens, wie es in der Fachsprache heißt, funktioniert meist auch sehr gut. Allerdings gibt es auch den Fachbegriff „Löschungstrotz". Was dieser Begriff bedeutet, zeigt Ihnen Ihr kleiner Muntermacher sehr deutlich, wenn Sie versuchen, ihn morgens zu ignorieren: Die Katze wird ihre Anstrengungen, Sie zu einer Reaktion zu bewegen, verstärken. Sie wird alles ausprobieren, was je zum Erfolg geführt hat, und sich Neues einfallen lassen.

Sie wird ein ungeahntes Durchhaltevermögen entwickeln. Jedes Mal wenn Sie erleichtert denken, dass es endlich besser wird, strengt sie sich zwei Tage später umso mehr an. Und vermutlich wird sie dieses Geduldspiel gewinnen, denn die wache und sehr motivierte Katze hat gegenüber ihrem müden und entnervten Menschen einen entscheidenden Vorteil: Im Gegensatz zu ihm kann die Katze etwas tun. Der Halter hingegen ist beim Ignorieren zu absoluter Tatenlosigkeit verdammt.

Ihre Katze will Sie sicherlich nicht ärgern. Katzen sind dämmerungsaktiv, und sie schlafen nicht einmal am Tag sechs bis zehn Stunden, sondern mehrmals am Tag einige Stunden. Die Katze ist also morgens einfach wach und ausgeschlafen, möchte beachtet werden, und gegen ein Frühstück hat sie sicher auch nichts einzuwenden. Die Katze freut sich, dass Sie auch wach werden, stupst Sie an, gibt Köpfchen und springt auf Ihnen herum oder fängt an zu maunzen, wenn Sie nicht reagieren. Anfangs haben Sie die Katze vermutlich beruhigend gestreichelt, dann zunehmend gemurrt und geschimpft und ihr damit zwar nicht ganz das gegeben, was sie wollte, aber immerhin haben Sie reagiert und ihr Aufmerksamkeit geschenkt. Auch Schimpfen ist Aufmerksamkeit, keine so schöne wie eine Streicheleinheit, aber für jemanden, der Aufmerksamkeit möchte, besser als gar nichts. Egal was Sie tun, es belohnt das Verhalten der Katze.

Die Lösung ist so einfach: Bisher hat Ihre Katze Sie belohnt, wenn Sie sich mit ihr beschäftigt haben oder gar aufgestanden sind. Drehen Sie den Spieß um. Belohnen Sie die Katze für ein Verhalten, das Sie gern sehen, zum Beispiel ruhiges Liegen. Wenn die Katze nächstes Mal ihr übliches Morgenritual startet und Sie sie wieder einmal zu ignorieren versuchen, warten Sie auf einen Moment, in dem die Katze sich kurz ruhig verhält.

Just in diesem Augenblick machen Sie das Licht an, begrüßen die Katze (bitte in dieser Reihenfolge), schmusen mit ihr, spielen mit ihr oder machen ihr Frühstück, je nachdem, welches Bedürfnis die Katze signalisiert. Sie haben die Wahl, ob Sie sich weiter jeden Morgen stören lassen oder ob Sie ein spielerisches Training mit der Katze beginnen. Bei diesem Training müssen Sie anfangs aufstehen, sobald die Katze akzeptables Verhalten, nämlich Ruhe zeigt, damit die Katze dafür belohnt wird. Das erhöht die Chance, dass die Katze dieses Verhalten wieder zeigt. Bitte halten Sie das einige Tage durch. Ignorieren Sie die Katze und ihre Bemühungen, eine

Reaktion von Ihnen zu bekommen. Das bedeutet, dass Sie sich tot stellen müssen. Jeden Mucks von Ihnen wird die Katze als Startzeichen interpretieren. Sobald die Katze jedoch einen Moment ruhig ist, belohnen Sie sie, indem Sie sich mit ihr wie oben beschrieben beschäftigen.

Die Katze lernt zum einen, dass es sich mehr lohnt, ruhig zu sein als zu maunzen und zu stupsen, und zum anderen, auf das Licht zu warten. Das Licht ist das Signal dafür, dass Sie nun bereit sind, gemeinsam mit ihr in den Tag zu starten. Aus diesem Grund ist auch die Reihenfolge so wichtig: erst das Licht, dann die Aufmerksamkeit. Anstelle des Lichts können Sie auch ein anderes Signal verwenden, zum Beispiel „Guten Morgen" oder „Frühstück" sagen. Wichtig ist nur, dass dieses Signal unmittelbar erfolgt, bevor Sie aktiv werden. Ziel ist, dass die Katze auf das Signal wartet und nicht auf den Wecker, Bewegungen oder morgendliche Aufwachgeräusche.

Wenn Sie Ihre Katze einige Tage hintereinander mit dieser geänderten und für die Katze sehr befriedigenden Morgenregel verblüfft haben, können Sie beginnen, die Zeit bis zum Lichtanmachen etwas hinauszuzögern. Werden Sie aufgrund des schnellen Erfolges jetzt nicht übermütig. Steigern Sie die Zeit ganz langsam, anfangs nur im Bereich von Sekunden. Die Katze gibt Ruhe, Sie zählen innerlich bis zwei und machen das Licht an. Sie sind jetzt an dem schwierigen Punkt, das richtige Gefühl für die Wartezeit zu bekommen. Eine zu kurze Wartezeit bringt keinen Lerneffekt, eine zu lange bedeutet, dass die Katze vermutlich doch aktiv wird, was tunlichst nicht passieren sollte. Passiert es doch einmal, wissen Sie, dass Sie zu lange gewartet haben. Gehen Sie dann ein paar Schritte zurück. Leider kann man keine allgemeingültigen Tipps geben, wie schnell Sie die Wartezeit verlängern können. Das

ist von Katze zu Katze sehr unterschiedlich. Wenn Sie langsam vorgehen, sind Sie jedoch immer auf der sicheren Seite. Ganz allgemein ist es ratsam, die Wartezeit zu variieren. Wenn Sie also im Bereich von einigen Sekunden sind, lassen Sie die Katze nicht jeden Tag eine Sekunde länger warten. Es soll von Anfang an für die Katze nicht berechenbar sein, wie lange es dauert, bis das Licht angeht.

Sobald die Katze weiß, dass das Licht zuverlässig jeden Tag angeht und Sie sich anschließend liebevoll um sie kümmern, wird sie sich beim Warten zunehmend entspannen und immer längere Wartezeiten geduldig ausharren. Sie hat gelernt, dass es sich lohnt.

Der Küchenhelfer

Viele Katzen helfen voller Begeisterung beim Kochen. Sehr zum Ärger Ihres Halters stolziert die Katze zwischen Zutaten, Kochgeschirr und Herd hin und her, steht im Weg, stibitzt Essen und läuft Gefahr, sich die Pfoten zu verbrennen.

Bisher haben Sie Ihre Katze beim Kochen ausgesperrt. Aber mal ehrlich: Aussperren wollen Sie sie eigentlich gar nicht. Was gibt es Schöneres beim Kochen als ein wenig Gesellschaft? Die Katze sollte sich nur etwas gesitteter benehmen. Warum bringen Sie ihr nicht bei, auf dem Fensterbrett oder auf einem Hocker zu sitzen und zuzusehen, anstatt herumzulaufen?

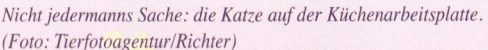

Nicht jedermanns Sache: die Katze auf der Küchenarbeitsplatte. (Foto: Tierfotoagentur/Richter)

Wenn Sie Ihrer Katze immer ein Leckerchen auf der Fensterbank geben, wenn Sie gemeinsam in die Küche gehen, wird sie dort schnell ihren Lieblingsplatz finden und den Kochutensilien fernbleiben. (Foto: Tierfotoagentur/Richter)

Dazu sperren Sie die Katze vorübergehend beim Kochen aus. Gehen Sie zwischen den Kochaktionen immer wieder mit Ihrer Katze in die Küche, zeigen Sie ihr, dass Sie tolle Leckerchen haben, und legen Sie eines auf das Fensterbrett. Die Katze wird hinaufspringen, um es zu holen. Sprechen Sie dann freundlich mit ihr und geben ihr dort noch ein paar Leckerchen. Sollte die Katze herumwandern und die Arbeitsplatten betreten, wenden Sie sich ab und gehen aus der Küche. Die Katze wird Ihnen folgen. Nun gehen Sie wieder mit Katze in die Küche, legen ein paar Leckerchen auf das Fensterbrett und loben die Katze, sobald sie hinaufspringt. Geben Sie ihr noch ein paar Leckerchen, schmusen Sie mit ihr.

Immer wenn Sie nun in die Küche gehen, haben Sie Leckerchen für die Katze dabei. Und immer wenn die Katze auf das Fensterbrett springt, be-

kommt sie sofort etwas dafür. Achten Sie darauf, ob die Katze sich schon von sich aus hinsetzt und verpassen Sie diesen Moment nicht. Sobald der Katzenpo das Fensterbrett berührt, geben Sie Ihrer Katze ein Leckerchen. Dazu haben Sie eine Sekunde Zeit. Nur so bringt die Katze das gerade gezeigte Verhalten mit der Belohnung in Verbindung. Es muss also richtig schnell gehen.

Geben Sie der Katze noch ein paar Leckerchen, solange sie sitzt, und werfen Sie das letzte auf den Boden, damit die Katze wieder hinunterspringt. Nicht jede Katze setzt sich sofort hin, manche reiben sich am Fensterrahmen, andere wollen Köpfchen geben oder vielleicht mit der Pfote nach Ihnen langen. Warten Sie geduldig ab: Irgendwann setzt sich jede Katze, und der richtige Augenblick für das Leckerchen ist gekommen.

Nach einigen Tagen wird das Fensterbrett für die Katze ein so interessanter Ort werden, dass sie nun schon vorauslaufen und sitzend auf dem Fensterbrett auf Sie warten wird. Die Arbeitsplatte ist mittlerweile völlig uninteressant. Nun können Sie anfangen, im Beisein Ihrer Katze kleine Verrichtungen in der Küche zu erledigen. Sobald die Katze auf dem Fensterbrett sitzt, nehmen Sie ein Glas aus dem Schrank und geben der Katze ein Leckerchen. Nun öffnen und schließen Sie eine Schublade und geben Ihrer Katze ein Leckerchen. Kurzum, klappern und hantieren Sie die nächsten Tage immer wieder ein wenig in der Küche herum und sorgen Sie dafür, dass die Katze auf dem Fensterbrett nicht zu kurz kommt. Gehen Sie immer wieder zu ihr, streicheln Sie sie, sagen Sie ihr, wie toll sie ist, vergessen Sie die Leckerchen nicht.

Sollte die Katze doch einmal aufstehen und anfangen zu wandern, ignorieren Sie das bitte vollständig. Sobald die Katze jedoch wieder auf dem Fensterbrett sitzt, loben Sie sie sofort und geben Sie ihr, was ihr zusteht. Wenn die Katze sich auf Wanderschaft begibt, ist das ein Zeichen, dass Sie sie zu lange haben warten lassen. Die Katze hat gelernt, dass sie von Ihnen belohnt wird, wenn sie auf dem Fensterbrett sitzt. Wenn Sie Ihren Teil der Abmachung nicht einhalten, wird die Katze Sie daran erinnern. Die Zeitspanne, die die Katze zu warten bereit ist, muss langsam trainiert werden. Wenn die Katze zuverlässig auf dem Fensterbrett sitzen bleibt, nehmen Sie das nicht als selbstverständlich hin, sondern belohnen Sie sie immer wieder. Auch Sie freuen sich, wenn Ihr Chef Ihnen von Zeit zu Zeit zu verstehen gibt, dass er Ihre Arbeit schätzt. Die nächsten Wochen arbeiten Sie vermutlich gleich viel motivierter.

Richtig belohnen

- Verwenden Sie zu Beginn sehr hochwertige Belohnungen, die Ihre Katze besonders liebt.
- Die Belohnung muss sofort erfolgen, also genau dann, wenn die Katze das Richtige tut. Sie haben dazu nur eine Sekunde Zeit.
- Die Belohnung muss anfangs immer erfolgen.
- Sobald die Katze das erwünschte Verhalten sicher und ohne zu zögern – in Erwartung ihrer Belohnung – zeigt, kann die Belohnung reduziert werden. Es empfiehlt sich, zuerst die Qualität der Belohnung zu variieren.
- Zeigt die Katze das gewünschte Verhalten, auch wenn sie nicht jedes Mal eine Superbelohnung bekommt, können Sie die Belohnungshäufigkeit variieren. Die Katze bekommt nun nicht mehr jedes Mal eine Belohnung, sondern wird nach dem Zufallsprinzip belohnt.

Trainieren von Signalen

Katzen können die erstaunlichsten Dinge lernen. Sie können lernen, auf Signal Männchen zu machen, durch Reifen zu springen, zu rollen, sich in Sphinxstellung hinzulegen und vieles mehr. Kritiker finden es verwerflich, unabhängige Tiere wie Katzen zu trainieren, und vergessen dabei, dass Katzen nur mitarbeiten, wenn sie Spaß haben und es gern tun. Katzen kann man zu nichts zwingen, und mit Druck erreicht man bei ihnen nur, dass sie sich zurückziehen.

Mit viel Spaß und klaren Signalen kann man Katzen beeindruckende Kunststücke beibringen.
(Foto: Slawik)

Eine angstfreie und vertrauensvolle Beziehung zu ihrem Menschen ist die Basis, ohne die ein gemeinsames Lernen mit dem Menschen nicht möglich ist. Mit zwei ganz alltäglichen Verhaltensweisen zeigen menschenbezogene Katzen, wie gut sie im Zusammenspiel mit ihren Menschen lernen können:

1. Jede menschenbezogene, hungrige Katze kommt gelaufen, wenn sie das Öffnen der Futterdose hört. Das bedeutet, dass Katzen zwei Ereignisse miteinander verknüpfen können.

2. Jede menschenbezogene Katze lernt von selbst, wie sie ihren Menschen manipulieren kann und ihn dazu bekommt, aufzustehen, mit ihr zu spielen oder ihr Futter zu bereiten. Das bedeutet, dass Katzen lernen, welche Konsequenzen ihr Verhalten hat und dass sie durch positive Konsequenzen ungemein motiviert werden.

So wie wir Menschen lernen auch Katzen ständig Neues. Warum soll man es nur dem Zufall überlassen, was die Katze gerade lernt? Werden die oben genannten Punkte sinnvoll angewandt, kann eine Katze in Zusammenarbeit mit ihrem Menschen alles lernen, was ihr Bewegungsapparat und ihre geistigen Fähigkeiten zulassen. Sie wird nie einen Nobelpreis für Chemie bekommen oder Autofahren lernen. Aber mit viel Freude wird sie allerlei Dinge lernen, die das Zusammenleben erleichtern – und auch Kunststücke, wenn Sie beide Freude daran haben.

Komm her

Wenn Ihre Katze auf Ruf zu Ihnen kommt, können Sie nicht nur Verwandte und Bekannte beeindrucken – es ist in vielen Situationen auch sehr hilfreich.

Um ein Rufsignal zu etablieren, bekommt die Katze anfangs sofort ein Leckerchen, sobald man das gewählte Wort ausgesprochen hat. (Foto: Slawik)

Es ist sehr einfach, den entsprechenden Ruf zu trainieren. Sie brauchen dazu gute Leckerchen, eine Katze, die gern Leckerchen jagt, über den Tag verteilt immer wieder wenige Minuten Zeit und ein Wortsignal. Der Name der Katze ist nicht sehr geeignet, da die Katze ihn in allen möglichen Situationen hört, in denen sie gar nicht herkommen soll. Suchen Sie sich ein Wortzeichen aus, das im Alltag der Katze nicht zu häufig vorkommt und das Sie sich gut merken können. „Zu mir" oder „Hierher" sind beliebte Rufsignale. Falls Ihnen das zu sehr nach Befehl oder Kommando klingt, gefällt Ihnen vielleicht „Katzenparty" besser?

Wenn Ihre Katze wach, interessiert und hungrig beziehungsweise in Spiellaune ist, können Sie die erste Trainingseinheit starten. In einem Moment, in dem die Katze neben Ihnen auf dem Sofa liegt und auf Sie achtet, sagen Sie Ihr gewähltes Rufsignal und geben der Katze sofort ein Leckerchen. Schon hat die Katze es gefressen. Gleich noch einmal: Signal und sofort Leckerchen. Ein paar Wiederholungen reichen für den Anfang. So kommt die Katze doch nicht her, sie ist ja schon da, denken Sie nun sicherlich. Stimmt, sie kommt nicht her. Noch nicht.

Bei der nächsten Trainingseinheit frischen Sie die Assoziation auf, solange die Katze in Ihrer unmittelbaren Nähe ist. Achten Sie bitte darauf, dass Sie das Leckerchen unmittelbar nach dem Wortsignal geben. Sobald Sie bemerken, dass die Katze auf Ihr Signal nach dem Leckerchen schaut oder sich das Maul leckt, haben Sie die nächste Trainingsebene erreicht.

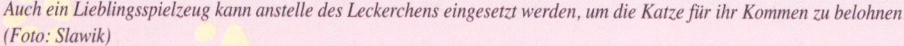

Auch ein Lieblingsspielzeug kann anstelle des Leckerchens eingesetzt werden, um die Katze für ihr Kommen zu belohnen. (Foto: Slawik)

Gehen Sie einen Schritt weg – die Katze wird folgen. Sagen Sie Ihr Signal und lassen Sie das Leckerchen auf den Boden fallen. Während die Katze frisst, gehen Sie wieder einen Schritt weg. In dem Moment, wenn die Katze sich in Bewegung setzt, um zu folgen, sagen Sie wieder Ihr Signal und lassen ein Leckerchen fallen, sobald die Katze bei Ihnen ist. Fünf bis sechs Wiederholungen reichen. Lernen soll Spaß machen, nicht langweilen. Gönnen Sie der Katze bei der letzten Wiederholung ein besonders gutes Leckerchen, sodass diese Übung in guter Erinnerung bleibt.

Am nächsten Tag wiederholen Sie das bisher Geübte ein- bis zweimal und wagen dann eine etwas größere Entfernung. Bitte geben Sie das Signal nur, wenn Sie sicher sind, dass die Katze auch herkommt. Sollte ein Geräusch die Katze ablenken, warten Sie, bis sie mit der Aufmerksamkeit wieder bei Ihnen ist. So tasten Sie sich zu dem Moment vor, in dem Sie durch die Tür um die Ecke gehen und von dort rufen. Wenn Sie gut vorgearbeitet haben, wird Ihre Katze sofort bei Ihnen sein.

Bei jeder Trainingseinheit wird die Umgebung mitgelernt. Das heißt: Was die Katze im Wohnzimmer perfekt kann, kann sie nicht automatisch auch im Schlafzimmer oder Garten. Üben Sie deswegen an verschiedenen, ruhigen Orten. Wenn das gut klappt, können Sie auch unter immer größerer Ablenkung üben.

Versuchen Sie der Versuchung zu widerstehen, alles an einem Tag erreichen zu wollen. Zwei bis vier Trainingseinheiten mit jeweils vier bis sechs Wiederholungen am Tag reichen vollkommen aus. Innerhalb einiger Tage wird die wache Katze tatsächlich auf Ruf aus einem anderen Zimmer erwartungsvoll zu Ihnen gelaufen kommen. Bis Sie die Katze zuverlässig aus dem Garten hereinrufen können, wird allerdings noch etwas Übung nötig sein.

Wenn Ihre Katze ein Lieblingsspielzeug hat, für das sie alles stehen und liegen lässt, können Sie selbstverständlich auch dieses Spielzeug anstelle des Futters benutzen. Es sollte ein Spielzeug sein, das die Katze mit Ihnen an Ort und Stelle spielt, keines, das Sie werfen. Und Sie sollten dieses Spielzeug nur noch benutzen, wenn Sie die Katze vorher gerufen haben.

Das Platzdeckchen

Kennen Sie das auch: Sie haben einen Termin, sind zu spät dran, sammeln Schlüssel, Handy, Handtasche zusammen, die Hose hat plötzlich einen Fleck und will gewechselt werden, und bei jedem Schritt, den Sie tun, bringt Ihre Katze Sie fast zu Fall. Oder Sie haben Besuch, der sich nicht freut, wenn eine Katze auf ihm herumturnt und Haare verteilt.

So schön es ist, wenn unsere Katzen Kontakt zu uns aufnehmen und unsere Aufmerksamkeit einfordern, so gibt es doch Momente, in denen dieses Verhalten sehr stört. Wenn sie sich doch nur an einem bestimmten Platz ruhig halten würde. Wieso würde? Sagen Sie es ihr und sie wird es tun – vorausgesetzt, Sie haben es vorher mit ihr geübt.

Ein geeignetes Signal, mit dem Sie Ihrer Katze sagen können, dass sie sich an einem bestimmten Ort aufhalten soll, kann ein kleines Tuch, ein Deckchen oder eine Zeitung sein.

Bringen Sie der Katze bei, sich sofort daraufzubegeben, sobald sie das Tuch sieht. Viele Katzen zeigen klare Vorlieben für bestimmte Materialien, das erleichtert die Auswahl des Platzes ungemein. Kater Max wird magisch von Zeitungspapier angezogen. Klopfen auf eine Zeitungsseite reicht, und er legt sich sofort darauf. Zeigt Ihre Katze keine eindeutigen Vorlieben, so wählen Sie ein Material, von dem Sie annehmen, dass Ihre Katze gern darauf liegt.

Dieses Deckchen von der Größe eines Gästehandtuchs zeigen Sie Ihrer Katze, wenn sie wach, interessiert, jedoch nicht in der Stimmung zum Herumtoben ist. Machen Sie ruhig etwas Wirbel und Show um das Tuch, wenn Sie es ausbreiten. Ganz nebenbei landen auch einige Leckerchen darauf. Ihre Katze wird neugierig angelaufen kommen und nachsehen, was es Interessantes gibt. Sie wird die Leckerchen fressen, das Tuch beschnuppern und wahrscheinlich wieder gehen. Lassen Sie sie. Legen Sie neue Leckereien auf das Tuch und machen Sie interessante Geräusche. Die Katze wird nachsehen, und siehe da, schon wieder liegt etwas Leckeres auf der Decke und schon wieder und gleich noch einmal. Zum Schluss werfen Sie ein Leckerchen, damit die Katze sich von der Decke entfernt, packen die Decke zusammen und räumen sie weg. Das üben Sie mit der Katze ein oder zwei Tage lang in kleinen Spieleinheiten. Nun sollte die Katze schon gelaufen kommen, wenn Sie die Decke ausbreiten. Sobald die Katze jedes Mal zielstrebig auf die Decke geht, um nach Leckerchen zu sehen, legen Sie keine mehr im Vorwege darauf. Im Gegenzug belohnen Sie die Katze sofort fürstlich (Sie denken an die eine Sekunde?), sobald sie auch nur eine Pfote auf die Decke gesetzt hat. Seien Sie großzügig. Die Katze braucht anfangs nicht mit allen vieren perfekt auf der Decke zu stehen. Dass zwischen Decke und Leckerchen ein Zusammenhang besteht, hat die Katze bereits bei den ersten Übungen erkannt. Nun soll sie lernen, dass sie selber dafür sorgen kann, dass es Leckereien gibt, indem sie die Decke betritt. Lassen Sie sie das vier- bis fünfmal testen, dann reicht es fürs Erste. Diese Übung mag zunächst sehr simpel aussehen, sie erfordert jedoch viel Konzentration von der Katze und auch von Ihnen, wenn Sie sich bemühen, die eine Sekunde

Belohnungszeit einzuhalten. Denken Sie daran: Überforderung nimmt die Freude am Lernen und Ausprobieren.

Sobald Ihre Katze sich setzt oder es sich gar auf dem Deckchen gemütlich macht, loben Sie sie so, wie Ihre Katze es gern mag, streicheln Sie sie und geben Sie ihr ein Leckerchen. Ihre Zuwendung sollte in einer Form erfolgen, die die Katze nicht zu sehr aufputscht. Sie soll nicht in Spiellaune kommen, sondern genießerisch und entspannt liegen bleiben. Die Übung beenden auf jeden Fall Sie.

Faramir hat gelernt, auf das weiße Tuch zu gehen …

Noch bevor die Katze von sich aus aufsteht und von der Decke geht, werfen Sie ein Leckerchen, damit die Katze es holt, falten die Decke zusammen, räumen sie weg und widmen sich wieder Ihren Alltagsdingen.

Es ist zu jedem Zeitpunkt des Trainings wichtig, dass Sie ab dem Moment, wenn Sie das Tuch wegräumen, auch das Verwöhnprogramm für die Katze beenden und zur Tagesordnung übergehen. So lernt die Katze schnell den Zusammenhang zwischen der Decke und der Verwöhnung. Als Konse-

quenz wird das Deckchen ein unwiderstehlicher Platz für die Katze, den sie mit Genuss, Entspannung und Zuwendung verbindet. Nach vielen Wiederholungen löst allein die Decke bereits all die positiven Gefühle aus, die die Katze bisher auf der Decke hatte. Sie können also Zuwendung, Leckerchen, Streicheln irgendwann deutlich reduzieren (aber bitte nie ganz aufhören!) und auch an verschiedenen Orten üben. Ein Wortsignal brauchen Sie für diese Übung nicht. Die Decke allein ist das Signal.

… und sich dort hinzulegen.
(Fotos: Slawik)

(Foto: Slawik)

Vita-Parcours durch die Wohnung

Bauen Sie für Ihre Katze doch mal einen richtigen Vita-Parcours durch die Wohnung auf! Einfache Hindernisse, die den Vorlieben der Katze entsprechen, bieten Mensch und Tier jede Menge Spaß. Beim Hindernisbau sind der Fantasie keine Grenzen gesetzt, solange Sie die körperlichen Möglichkeiten Ihrer Katze berücksichtigen und die Katze sich nicht vor diesen Requisiten fürchtet. Wenn man mit einem einzelnen, einfach zu bewältigenden Hindernis beginnt, kann man sogar Katzen älteren Semesters für dieses gemeinsame Spielen gewinnen und eine Menge für ihre Gesundheit und Beweglichkeit tun.

Welche Requisiten braucht man?

Für Menschen gibt es Barfußparks, in denen sie erfahren können, wie es sich anfühlt, auf verschiedenen Materialien zu laufen. Für gemütliche Stubentiger können Sie beispielsweise weiche Kissen drapieren, einen mit runden Kieselsteinchen gefüllten Blumenuntersatz oder ein umgedrehtes Backblech hinlegen.

Für eine bewegungsfreudige Katze nehmen Sie einen Hocker, mehrere Konservendosen für einen Slalom und erstellen einen Tunnel aus einer Einkaufstüte, der Sie Henkel und Boden wegschneiden. Sie können auch zwischen zwei Stühlen eine breite Latte mit Schraubzwingen als Steg befestigen.

Freunde oder Familienmitglieder kann man ebenfalls in den Vita-Parcours miteinbauen. Ausgestreckte Arme und Beine bieten wunderbare Hürden. Kinder können auf Händen und Füßen stehend tolle Brücken darstellen. Wenn sich kleine Kinder als Päckchen hinkauern, können unerschrockene Katzen darüberklettern oder -springen oder drum herumlaufen.

Um die Katze mit diesem Spiel vertraut zu machen und ihr zu zeigen, wie viel Spaß sie damit haben kann, sollten Sie darauf achten, welches Verhalten die Katze im Alltag häufig zeigt. Diese Vorlieben sollten Sie beim Hindernisbau berücksichtigen.

Einer sprungfreudigen Katze baut man Stationen, bei denen sie vermehrt ihre Sprungkraft in die Höhe oder in die Weite einsetzen kann. Für eine bequeme Katzennatur sind Hindernisse geeignet, über die sie laufen oder die sie gemütlich umgehen kann. Einer Wasserliebhaberin baut man einen Wassergraben, den sie durchwaten darf. Einen unerschrockenen Jungspund kann man in eine mit viel Raschelpapier gefüllte Kiste eintauchen lassen.

Die Requisiten für einen Vita-Parcours – mit der Katze als wichtigstem Hauptdarsteller! (Foto: Dbalý)

Der Targetstab zum Führen

Es wäre einfach, der Katze ein begehrtes Spielzeug oder Leckerchen vor die Nase zu halten und sie damit über die Hindernisse zu locken. Leider lassen sich manche Katzen vor lauter Gier kaum führen. Besonders junge Katzen können stürzen, wenn sie nach dem Leckerchen angeln und nicht aufpassen. Mit einer derart aufgeregten Katze ist es schwierig oder gar unmöglich, dieses Spiel zu spielen. Es lohnt sich deshalb, mit der Katze zuerst in kleinen Übungen das ruhige Folgen eines Targetstabs zu üben.

Wählen Sie dafür einen längeren Stock, den Sie am Ende mit einer anderen Farbe markieren. So können Sie die Spitze gut sehen, wenn Sie die Katze mit dem Targetstab führen. Hervorragend geeignet ist die ausrangierte Antenne eines Radios, weil man sie auf verschiedene Längen ausziehen kann. Bevor Sie den Targetstab einsetzen können, muss die Katze auf den Clicker oder ein anderes geeignetes Geräusch konditioniert werden.

Der Trick mit dem Click

Immer wieder sprechen wir davon, wie wichtig es ist, dass die Belohnung innerhalb von nur einer Sekunde erfolgt, damit die Katze sie mit ihrem Verhalten verknüpfen kann. Das Clickertraining kann uns dabei helfen, wirklich schnell zu reagieren, und erleichtert der Katze das Lernen erheblich.

Um den Clicker nutzen zu können, verknüpft man zuerst das Clickgeräusch innerhalb von einer halben Sekunde mit der Gabe eines Leckerchens. Das erfordert viel Konzentration, bringt aber erstaunliche Erfolge: Nach genügend Wiederholungen – das ist von Tier zu Tier unterschiedlich – löst der Click dieselben Gefühle und körperlichen Reaktionen aus wie die Futtergabe. Diese Assoziation bleibt zwar nur dann dauerhaft bestehen, wenn die Ankündigung möglichst immer hält, was sie verspricht. Das bedeutet, dass Sie dem Click auch tatsächlich immer ein Leckerchen folgen lassen müssen. Glücklicherweise haben Sie nach erfolgreicher Konditionierung dazu nun aber länger als eine halbe Sekunde Zeit.

Mittels Clicker können wir ganz gezielt für Erfolge sorgen, indem wir einem Tier, das auf den Clicker konditioniert ist, punktgenau sagen können, wann es etwas richtig gemacht hat. Gerade für Übungen, bei denen es darum geht, eine Bewegung in einer bestimmten Form auszuführen, ist ein Marker wie der Clicker sehr hilfreich. Wie sonst wollen Sie die Katze im richtigen Moment belohnen, wenn sie lernt, einen Sprung in einer bestimmten Höhe zu zeigen?

Aber auch in allen Alltagssituationen wie den in diesem Buch bereits beschriebenen kann der Clicker sehr gut eingesetzt werden.

Wenn Sie sich für das Clickertraining interessieren, können wir Ihnen gute Literatur empfehlen (siehe Seite 107).

Faramir lernt mithilfe des Clickers, dem Targetstab ruhig zu folgen.
(Foto: Slawik)

Dann gehen Sie wie folgt vor: Warten Sie, bis Ihre Katze in Spiellaune ist, und rufen Sie sie. Halten Sie ihr von der Seite (bitte nie von vorn!) die Spitze des Targetstabs mit ruhiger Hand dicht neben die Nase und warten Sie. In dem Moment, in dem Ihre Katze neugierig die Nase an den Stab hält, clicken Sie, geben der Katze ein Leckerchen und nehmen den Targetstab aus dem Gesichtsfeld der Katze hinter Ihren Rücken. Hat die Katze das Leckerchen gefressen, halten Sie ihr den Stab mit einer langsamen Bewegung von der anderen Seite hin, clicken wieder, sobald die Katze ihre Nase an den Stab hält, und geben ihr das Leckerchen. Nach vier bis fünf Wiederholungen sollten Sie aufhören.

Bei den nächsten Trainingseinheiten können Sie die Stabspitze nun etwas weiter weg neben die Nase der Katze halten, sodass die Katze schon einen Schritt darauf zugehen muss, um sie zu berühren. clicken Sie erst, wenn die Nase an der markierten Spitze ist – nicht, wenn die Katze hineinbeißt oder mit der Pfote hinlangt.

Kurze Trainingseinheiten festigen das Verhalten. Damit Sie es nicht übertreiben, ist es sinnvoll, sich jedes Mal nur vier bis fünf Leckerchen bereitzulegen. So beenden Sie die Übung automatisch, wenn die Katze alle Leckerchen bekommen hat. Wiederholen Sie dieses Spiel in mehreren Übungseinheiten und halten Sie den Targetstab auf Nasenhöhe so hin, dass die Katze darauf zuläuft, um ihn zu berühren. Üben Sie nun, die Spitze auch etwas unter- und oberhalb der Nasenhöhe hinzuhalten. Denken Sie bitte daran, Ihre Bewegungen bedächtig auszuführen, denn die Katze soll nicht mit dem Stab spielen.

Sobald das gut klappt, gehen Sie einen Schritt weiter: Der Targetstab wird in Nasenhöhe gehalten. Wenn die Katze darauf zuläuft, ziehen Sie ihn in einer ruhigen Bewegung in Laufrichtung der Katze weg, sodass die Katze der Stockspitze folgt. Üben Sie zuerst über eine kurze Distanz, bevor Sie die Anforderungen steigern.

Halten Sie den Targetstab wieder ruhig. Sobald die Katze ihn mit der Nase berührt, clicken Sie und geben der Katze ihr Leckerchen. Üben Sie das Folgen der Stabspitze in kurzen Übungen. Click und Leckerchen gibt es am Ende, wenn Sie den Stab ruhig halten. Variieren Sie die Laufstrecke. Freuen Sie sich ruhig mit der Katze, wenn sie bei der Übung Erfolg hat. Wenn sie nun zuverlässig dem Targetstab folgt, können Sie beginnen, die Katze um ein einfaches Hindernis wie einen Hocker zu führen. Wenn dies gelungen ist, bleiben Sie stehen und clicken, wenn die Katze die Spitze des Targetstabs mit der Nase berührt. Nehmen Sie den Targetstab aus dem Gesichtsfeld der Katze und geben Sie ihr ein Leckerchen.

Ihre Katze hat nun gelernt, um ein Hindernis herum dem Targetstab zu folgen. Sie haben einen geeigneten Parcours mit vorerst wenigen Hindernissen gebaut. Ist Ihre Katze wach und in Spiellaune, kann es losgehen! Denken Sie daran, Leckerchen griffbereit zu haben, und rufen Sie die Katze. Beginnen Sie das Spiel mit einer Ankündigung wie zum Beispiel „los", „spielen" oder was Ihnen gefällt – wichtig ist, dass Sie jedes Mal dasselbe sagen. Die Katze lernt rasch, dass damit das Spiel beginnt. Führen Sie sie in einem Tempo über das erste Hin-

dernis, bei dem sie der Spitze des Targetstabs gut folgen kann. Belohnen Sie sie sofort, wenn sie ein Hindernis überwunden hat, und zeigen Sie Ihre Freude. Wenn die Katze motiviert genug ist, nehmen Sie sich ein weiteres Hindernis vor.

Falls die Katze ein Hindernis verweigert, überlegen Sie, woran es liegen könnte. Vielleicht mag Ihre Katze nicht über den Hocker steigen? Dann lotsen Sie sie um den Hocker herum. Belohnen Sie sie und hören Sie sofort mit dem Spiel für diesen Tag auf. Es ist wichtig, das Spiel mit einem positiven Erlebnis für die Katze zu beenden, damit sie den Spaß daran behält. Benutzen Sie auch zum Beenden des Spiels immer dasselbe Wort und räumen Sie anschließend die Requisiten weg.

Vita-Parcours mit Kind und Katze

An Tumult gewöhnte Katzen können den Vita-Parcours sehr gut mit Kindern spielen, wenn er ihnen von einem Erwachsenen zuerst gezeigt wurde und die Katze dem Targetstab bereits sicher folgt. Ein Spiel mit lebhaften Katzen und jüngeren Kindern kann recht turbulent zugehen. Für die Katze kann es demotivierend werden, wenn ein Kind versucht, sie über ein Hindernis zu drängen, wenn es nicht schnell genug geht. Veranstalten Sie dann einfach einen kleinen Wettbewerb zwischen den Kindern: Wer es schafft, die Katze mithilfe des Targetstabs über ein Hindernis zu führen, ohne das Tier zu berühren, darf ihr im Anschluss das Lieblingsleckerchen feierlich überreichen. So hat man auch ein tolles Mittel, dem Lärmpegel bei hektischen Spielen etwas entgegenzuwirken. Ein Kind konzentriert sich auf das Führen der Katze, während die anderen Kinder mit Argusaugen beobachten, ob die Katze auch wirklich nicht berührt wird.

Lassen Sie Kinder nicht allein mit der Katze dieses Spiel spielen. Kinder müssen lernen, das Spiel zu beenden, solange die Katze noch moti- viert ist. Falls die Katze plötzlich keine Lust mehr zum Spielen hat und sich entfernt, können Gummibärchen und Co. eine Alternativbelohnung darstellen, wenn das Kind die Katze unbehelligt gehen lässt.

Unter Anleitung eines Erwachsenen können auch Kinder eine Katze hervorragend mit dem Targetstab über diverse Hindernisse führen. (Foto: Dbalý)

(Foto: Slawik)

Kunststücke
für kleine
Akrobaten

„Schau mal, was ich kann", würde wohl so manche Katze freudig und stolz ihrem Menschen zurufen, wenn sie ihm wieder ein gelungenes Kunststück vorgeführt hat. Kleine Tricks zu trainieren macht Mensch wie Katze viel Spaß und fördert darüber hinaus geistige und körperliche Fähigkeiten. Durch das gemeinsame Erarbeiten von Kunststücken lernen Mensch und Katze einander besser kennen und intensivieren ihre Beziehung.

Ideal ist es, häufig gezeigtes Verhalten der Katze zu erkennen und diese Talente im Training zu fördern. Kunststücke sind nichts anderes als das Zeigen eines bestimmten Verhaltens auf ein Signal hin. Mit Geschick, Timing und Einfühlungsvermögen lassen sich sogar spektakuläre Tricks wie Übungen auf einem Ball gemeinsam einstudieren.

Das Tanzen

Dass eine Katze sich um die eigene Achse dreht, ist nichts Ungewöhnliches. Dreht sie sich zuverlässig, sobald ihr Mensch das Signal dazu gibt, ist das bereits ein kleiner Trick – so wird natürliches Verhalten zum Kunststück. Als Signale eignen sich Sichtzeichen wie Finger- und Handbewegungen, Hörzeichen und Requisiten. Gerade auf Bewegungen achten Katzen stark, sodass sie Sichtzeichen leicht lernen.

Capturing

Dieser englische Begriff kann mit „Bewegungserfassung" übersetzt werden. Gemeint ist, dass ein natürliches, vollständig gezeigtes Verhalten „eingefangen" wird, indem innerhalb einer Sekunde nach Ausführung der Klick und das Leckerchen folgen.

Um ein Signal für ein bestimmtes Verhalten einzuführen, muss die Katze zwei Dinge lernen: zum einen, was sie tun soll, wenn das Signal gegeben wird, und zum anderen braucht sie einen guten Grund, warum sie es tun soll. Katzen sind keine Befehlsempfänger und machen nichts, wenn es sich nicht für sie lohnt. Deshalb sollten Sie ihr das gewünschte Verhalten vor der Signaleinführung so richtig schmackhaft machen, sodass sie es gern und oft ausführt.

Manche Katzen drehen sich zur Begrüßung ihres Menschen um sich selbst. Andere Katzen zeigen dieses Verhalten, wenn sie ungeduldig auf ihre Futterschüssel warten. Wählen Sie den Ort aus, an dem Ihre Katze das Tanzen von sich aus häufig anbietet, und beginnen Sie dort das Training. Wenn Sie schnell genug sind, können Sie der Katze jedes Mal, wenn sie sich um sich selbst gedreht hat, ein supergutes Leckerchen geben. Denken Sie wieder daran: Sie haben maximal eine Sekunde Zeit!

Noch einfacher ist es, wenn die Katze auf den Clicker konditioniert ist. Der Click bedeutet für die Katze immer Abbruch des gezeigten Verhaltens. Werfen Sie ihr nach dem Click schnell ein Leckerchen zu, damit sie nicht zu Ihnen kommt, um es zu holen. Nach der Belohnung warten Sie ab, bis die Katze wieder das Drehen zeigt, und belohnen Sie sie sofort erneut. Locken Sie die Katze nicht, damit sie das Verhalten zeigt. Sie soll es von sich aus anbieten und so bei der Übung mitdenken. Nach einigen Wiederholungen über mehrere Tage wird die Katze beginnen, sich häufig am Übungsort zu drehen, um ihre nächsten Leckerchen in Empfang zu nehmen.

Das ist der richtige Zeitpunkt, um das Signal einzuführen. Anfangs hat Ihr Signal noch keine Bedeutung für die Katze. Es macht also wenig Sinn, ein Signal zu zeigen, wenn sie gerade zum Übungsort kommt. Passen Sie einen Augenblick ab, in dem Sie sicher sind, dass die Katze das gewünschte Verhalten zeigen wird – und genau dann, wenn die Katze Sie ansieht und sich gleich drehen wird, zeigen Sie ihr eine Bewegung wie etwa das Rühren mit einem ausgestreckten Finger. Achten Sie dabei darauf, dass

Manche Katzen „tanzen" zur Begrüßung ihres Menschen – dann ist es nur noch ein kleiner Schritt, bis sie es auch auf ein Signal hin zeigen. (Foto: Dbalý)

Sie dabei ganz ruhig stehen, und zeigen Sie der Katze das Zeichen mit einer deutlichen Bewegung.

Sobald die Katze sich um sich selbst gedreht hat, belohnen Sie sie wie gewohnt. Setzt die Katze an, sich erneut zu drehen: Signal zeigen und Leckerchen geben. Auch das wiederholen Sie einige Male. Nachdem Sie das Finger- oder Handsignal eingeführt haben, wird Ihre Katze vermehrt auf Ihre Hände achten.

Dreht sich die Katze zwischendrin ohne Ihr Signal, ist das völlig in Ordnung und wird zu diesem Zeitpunkt noch belohnt. Im nächsten Schritt belohnen Sie die Katze nur noch für Drehungen, die sie in Verbindung mit dem Signal gezeigt hat. Jetzt lernt die Katze das Tanzen mit Signal von Drehungen ohne Signal zu unterscheiden. Lohnenswert sind nur noch diejenigen Drehungen, die sie auf Ihr Signal hin zeigt.

Helfen Sie der Katze, diesen Unterschied zu lernen. Zeigen Sie deutlich das Signal, wenn Ihre Katze zu Ihnen hinsieht und sobald sie zum Drehen ansetzt. Belohnen Sie die Katze jetzt konsequent nur noch, wenn sie sich auf Ihr deutlich gezeigtes Zeichen hin dreht. Ihr Signal bekommt eine Bedeutung, denn die Katze erhält bereits vor dem Tanzen die Information, ob nach der Drehung eine Belohnung zu erwarten ist oder nicht. Wichtig ist, dass Sie jedes Mal, wenn die Katze das Verhalten nach Ihrem Signal richtig ausführt, auch wirklich ein Leckerchen geben. Es ist nur logisch, dass die Katze zunehmend auf Ihr Signal warten wird, denn wer müht sich schon gern umsonst?

Durch die Beine laufen

Kunststücke bestehen natürlich auch aus Bewegungsabläufen, die Katzen nicht fertig anbieten, sodass man sie nicht einfach nur unter Signal stellen kann. Katzen, die von sich aus Slalom laufen oder durch Reifen springen, sind eher selten. Möchte man seiner Katze solche Kunststücke beibringen, muss man ihr zuerst den komplexen Bewegungsablauf beibringen. Ist das geschafft, stellt man ihn unter Signal. Mit dem Trainieren der Bewegung fängt man am besten von hinten an und zerlegt das Kunststück gedanklich in Einzelteile. Diese setzt man dann gemeinsam mit der Katze in kleinen Schritten wieder zusammen. Das nennt man Shaping.

Shaping

Beim Shaping (deutsch: das Formen) zerlegt man das erwünschte Endverhalten in eine Reihe kleiner Vorstufen. Nach einem ersten verstärkten Ansatzverhalten in Richtung Kunststück, das bereits ein Blick oder eine kleine Kopfbewegung sein kann, verstärkt man jede Verhaltensänderung, die in Richtung des erwünschten Endverhaltens führt.

Für das Laufen durch die Beine befindet sich die Katze zunächst an Ihrer linken Seite. Wenn Sie Ihr rechtes Bein einen Schritt nach vorn stellen, soll die Katze zwischen den Beinen hindurch auf die andere Seite neben das rechte Bein laufen. Zum Schluss stellen Sie das linke Bein geschlossen neben das rechte.

Sorgen Sie dafür, dass Sie die nächsten Minuten nicht gestört werden. Nehmen Sie den Clicker in die linke und etwa sechs Leckerchen in die rechte Hand. Rufen Sie Ihre Katze. Sagen Sie „los" (oder ein anderes, immer gleich lautendes Startwort) und geben der Katze circa zehn Zentimeter neben Ihrem linken Fuß ein Leckerchen. Sobald die Katze es gefressen hat und nachsieht, was Sie noch für sie bereithalten, machen Sie mit dem rechten Fuß einen Schritt nach vorn. Die Katze wird vermutlich auf die Bewegung achten und hinsehen. Beobachten Sie Ihre Katze, bleiben Sie ruhig stehen und warten Sie. In dem Moment, wenn sie zwischen Ihren Beinen durchsieht, clicken Sie.

Geben Sie ihr das Leckerchen, sodass die Katze mit dem Kopf in die vorgesehene Laufrichtung ausgerichtet ist. Sobald die Katze wieder zwischen den Beinen hindurchsieht, folgen Click und Leckerchen. Sollte die Katze nach dem Click herumlaufen (Click bedeutet immer Abbruch des Verhaltens), beginnen Sie die Übung erneut. Geben Sie ihr wieder zuerst ein Leckerchen zehn Zentimeter neben Ihrem linken Fuß. Sprechen Sie nicht und locken Sie bitte nicht. Die Katze soll durch Ausprobieren erarbeiten, welche ihrer Verhaltensweisen den Erfolg bringt. Dies kann sie nur, wenn sie auch Fehler machen kann. Ihre Katze wird in diesem kurzen Spiel somit auch geistig gefordert. Üben Sie in kurzen Übungseinheiten, bei denen sie etwa fünf bis sechs Leckerchen verfüttern – dann gibt's eine Pause.

Der Startort ist immer neben Ihrem linken Bein. Sie machen den Schritt nach vorn mit dem rechten Bein. Verstärken Sie in mehreren Übungseinheiten an verschiedenen Tagen jegliches Hinsehen der Katze zwischen Ihre Beine mit Click und Leckerchen.

Sieht die Katze gezielt und häufig hin, setzen Sie den Click aus und warten Sie. Die verdutzte Katze

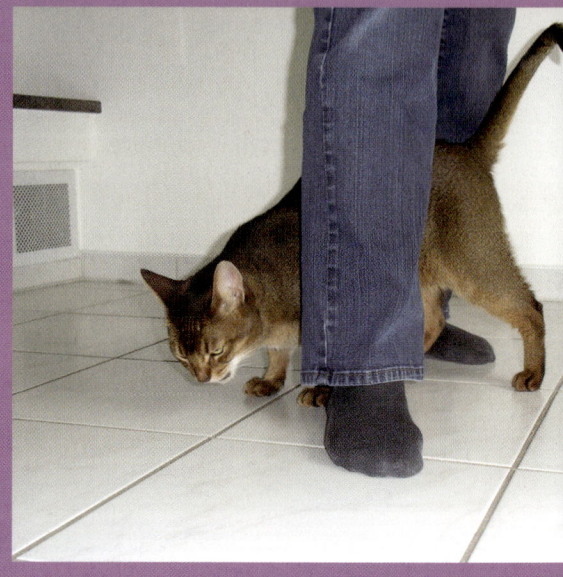

So wird das Laufen durch die Beine geübt:
Sobald Faramir zwischen den Beinen

Das nächste Leckerchen wird in Laufrichtung gegeben.

wird nun vielleicht einen Schritt versuchen – dies wird sofort mit Click und Leckerchen belohnt. Legen Sie das Leckerchen so hin, dass die Katze in der vorgesehenen Laufrichtung ausgerichtet ist. Wenn Ihre Katze bei der Übung viel sitzt, legen Sie das Leckerchen so hin, dass sie aufstehen muss, um es zu holen. Dies erhöht die Wahrscheinlichkeit, dass sie aufsteht, wenn nun der Click ausbleibt. Locken Sie bitte die Katze nicht, haben Sie Geduld.

In weiteren Übungseinheiten können Sie die Katze mithilfe des Clickers Schritt für Schritt in die richtige Richtung dirigieren – bis sie zwischen ihren Beinen hindurchgelaufen ist, Clicken Sie und legen das Leckerchen nun zehn Zentimeter neben das rechte Bein, wenn die Katze ganz hindurchgelaufen ist. Ihre Katze hat das erwünschte Verhalten zum ersten Mal vollständig gezeigt. Freuen Sie sich ruhig mit ihr. Wiederholen Sie nach einer Pause diese Übung.

Damit Ihre Katze Ihnen im Alltag nun nicht ständig durch die Beine wetzt, beginnen Sie diese Übung immer gleich. Machen Sie ein kleines Ritual daraus: Rufen Sie die Katze, sagen Sie „los" oder ein anderes, immer gleich lautendes Startwort, und geben Sie ihr daraufhin sofort an Ihrer linken Seite (ohne Click) ein Leckerchen. Ist dies gefressen und die Katze schaut zu Ihnen, stellen Sie sofort Ihren rechten Fuß nach vorn. Die Katze läuft nun durch Ihre Beine, Sie clicken und geben neben dem rechten Bein das Leckerchen. Sie ziehen den linken Fuß nach und sagen der Katze ein Schlusswort wie „fertig".

Es ist generell günstig, wenn Sie Ihrer Katze beim Üben von Kunststücken sagen, wann Sie mit der Übung beginnen und wann Sie diese wieder beenden. So lernt die Katze, zwischen Alltagssituationen und Übungssituationen zu unterscheiden.

Faramir ist zum ersten Mal durch die Beine gelaufen und bekommt zur Belohnung ein Leckerchen neben dem rechten Bein. (Fotos: Dbalý)

Das Balancieren

Katzen sind berühmt für ihre elegante und traumwandlerische Balance. Dank ihres Bewegungsapparates und des langen Schwanzes haben sie beste Voraussetzungen für meisterhafte Seiltänze. Doch auch bei Katzen ist noch kein Meister vom Himmel gefallen, und ohne Übung verkümmert mit der Zeit jede Fähigkeit. Wie wichtig regelmäßiges Training ist, kann man bei jungen Kätzchen beobachten. Selbst von breiten Bänken, Stühlen oder Schachteln fallen sie herunter, sobald sie gleichzeitig darauf herumturnen und unkonzentriert nach Neuem schauen.

In der Natur haben Katzen sehr viele Möglichkeiten, sich im Balancieren zu üben. In Wohnungen sind Bäume mit dünnen Ästen, Zäune oder schmale Mauern jedoch nicht zu finden. Auf andere Trainingsgeräte wie Tische, Sideboards und Regale dürfen viele Katzen nicht hinauf.

Spiele, die die Balance üben, sind hervorragend geeignet, um Trittsicherheit, Konzentrationsfähigkeit und Gleichgewichtssinn zu schulen. Für Wohnungskatzen sind solche Spiele wichtig, damit sie ihre Eleganz bewahren. Außerdem machen diese Spiele viel Spaß.

Viele moderne, große Kratzbäume sind so konstruiert, dass zwischen den Stämmen Taue oder mit Teppich, Stoff oder Sisal bezogene Latten verlaufen. Andere bestehen aus echten Baumteilen mit Ästen. Auf solchen Kratzbäumen können Katzen auch in der Wohnung ihre Geschicklichkeit auf schmalen Stegen trainieren. An Zimmerwände montierte Laufstege bieten hervorragende Balanciergelegenheiten für unsere Stubentiger. Außerdem haben Katzen von oben einen tollen Überblick und eine weitere Ebene im Zimmer, die sie nutzen können.

Vorsicht für Mutter und Kinder

Katzenmütter mit ihren Jungen sollten in den ersten Lebenswochen der Kleinen keinen Zugang zu mit Laufstegen ausgestatteten Zimmern haben. So manche Katzenmutter sucht sich als neues Lager einen geschützten Platz weit oben unter der Zimmerdecke. Dabei transportiert sie die Jungen in oft akrobatischer Manier im Maul. Immer wieder kommt es dabei zu Unfällen, bei denen ein Junges abstürzt.

Balanciergelegenheiten sind eine Bereicherung für jede Katzenwohnung, doch so mancher ältere Hausgenosse, der sein bisheriges Leben in einer Umgebung ohne solche Gelegenheiten verbracht hat, muss das Laufen auf schmalen oder abgerundeten Laufstegen erst in sicherer Höhe wieder üben.

Wenn sie Gelegenheit zum Trainieren haben, sind Katzen einmalig sichere Balancierkünstler.
(Foto: animals digital/Brodmann)

Balanciermöglichkeiten bauen

Bauen Sie zuerst eine einfache Balanciermöglichkeit in geringer Höhe auf. Zwischen zwei Stühlen kann man mithilfe von Schraubzwingen eine 15 bis 20 Zentimeter breite Latte befestigen.

Die Latte darf sich unter dem Gewicht Ihrer Katze nicht biegen oder gar brechen. Die Distanzen zwischen den Stühlen sollten zu Beginn etwa zwei Katzenkörperlängen betragen. Für eine kleine Burmesin wird die Distanz deshalb kürzer ausfallen als für einen großen Maine-Coon-Kater.

Manche Katzen werden durch die breite Sitzfläche des Stuhls auf der anderen Seite der Latte dazu verleitet, einfach hinüberzuspringen. Wählen Sie Stühle oder Hocker, die eine kleine, wenig attraktive Sitzfläche bieten, oder benutzen Sie eine Latte in der Breite des Stuhlsitzes.

Das Balanciertraining

Sie haben drei Möglichkeiten, die Katze balancieren zu lassen:
• Lassen Sie die Katze einer Leckerlibahn folgen.
• Führen Sie die Katze mit dem Targetstab über die Balanciermöglicheit.
• Bringen Sie der Katze bei, allein auf ein Signal hin zu balancieren.

Immer dem Leckerchen nach

Die erste Möglichkeit ist das Locken mit Leckerchen. Ist Ihre Katze in Spiellaune, rufen Sie sie auf den Stuhl und geben ihr ein Leckerchen. Sie legen alle zehn Zentimeter ein Leckerchen auf die Latte. Die Katze konzentriert sich auf die Leckerchen und wird von Leckerchen zu Leckerchen über die Latte laufen und immer wieder fressend verharren. Der Balanceakt steht hierbei allerdings nicht im Vordergrund, sondern das Aufsammeln und Fressen der Leckerchen.

Dieses Vorgehen wird problematisch, wenn Sie den Schwierigkeitsgrad der Balanciermöglichkeit verändern. Manche Katzen sind dabei sehr hektisch. Von schmalen Stegen fallen Leckerchen leicht herunter – die Katze wird dann dem Leckerchen hinterherspringen, anstatt sich auf den Balanceakt zu konzentrieren.

Auf breiten Balancierlatten können hingelegte Leckerchen verwendet werden. (Fotos: Dbalý)

Kennt die Katze den Targetstab, ist ein zielgerichtetes, ruhiges Führen möglich.
(Foto: Dbalý)

Führen mit Targetstab und Clicker

Die zweite Möglichkeit ist das Verwenden eines Targetstabs zusammen mit dem Clicker. Wenn die Katze gelernt hat, dem Targetstab zu folgen, kann sie mit einer Hilfe ruhig über die Latte geführt werden. Wenn die Katze auf der anderen Seite angekommen ist, verharren Sie mit dem Targetstab. Der Click erfolgt, wenn die Katze die Spitze mit der Nase berührt, dann geben Sie ihr ein Leckerchen. Die Katze bekommt das Leckerchen also erst nach dem dem Balanceakt.

Balancieren durch Versuch und Erfolg

Mithilfe des Clickers kann man das Balancieren als kleines Kunststück einüben, wobei die Katze durch Versuch und Erfolg lernt. Sie wird weder gelockt noch geführt. Die Katze profitiert davon, dass sie mitdenken, sich gut konzentrieren und von sich aus aktiv werden kann.

Sie haben Ihre Katze auf den Clicker konditioniert, und sie hat gelernt, dem Targetstab zu folgen. Sorgen Sie dafür, dass Sie die nächsten Minuten nicht gestört werden. Halten Sie kleine Leckerchen und den Clicker bereit. Setzen Sie sich neben die Latte zwischen den Stühlen und führen Sie Ihre Katze mit dem Targetstab auf den Stuhl. Clicken Sie, wenn die Katze auf dem Stuhl ist, geben Sie ihr ein Leckerchen und legen Sie den Targetstab beiseite.

Die Balancierlatte ist für die Katze neu, und sie wird hinsehen oder daran schnuppern. Sofort clicken Sie und geben ein Leckerchen. Clicken Sie bei jeder Bewegung der Katze in Richtung Latte.

Falls Ihre Katze sich auf dem Stuhl setzt, clicken Sie, sobald sie nur zur Latte hinsieht. Legen Sie ihr das Leckerchen, das Sie in der Hand bereithalten, vor die Füße. Wiederholen Sie das Clicken für die Kopfbewegung zur Latte hin vier- bis fünfmal, beenden Sie dann diese Übungseinheit und machen eine Pause.

Wenn Ihre Katze in den nächsten Übungseinheiten gezielt zu der Latte hinsieht, setzen Sie einmal für das Hinsehen den Click aus. Die Katze wird verdutzt sein, weil der Click nicht erfolgt, und steht vielleicht auf, um deutlicher hinzusehen. Mit einem Click bestätigen Sie sie für das Aufstehen. Bleibt die Katze sitzen, clicken Sie wie vorher für das Hinsehen und geben der Katze das Leckerchen so, dass sie dazu aufstehen und einen Schritt zur Latte hingehen muss. Beenden Sie damit diese Übungseinheit.

Wiederholen Sie die Übung immer vom selben Stuhl aus. Clicken Sie in weiteren Übungseinheiten, wenn Ihre Katze eine Pfote auf die Latte stellt, dann zwei Pfoten, drei Pfoten, vier Pfoten – und schon ist die Katze über diese kurze Latte gelaufen. Clicken Sie, geben Sie ihr ein besonders feines Leckerchen und beenden Sie die Übung mit diesem Erfolg.

Für Fortgeschrittene und Profis

Wenn Ihre Katze sicher und in ruhigem Schritt über dieses erste, einfache Hindernis laufen kann, können Sie die Laufstrecke in Schritten von circa 20 Zentimetern verlängern. Wenn auch eine längere Strecke Ihrer Katze keine Probleme bereitet und sie sicheren Schrittes darüberläuft, können Sie die Balancierstange immer schmaler wählen. Beginnen Sie hierbei wieder mit der kurzen Laufstrecke.

Faramir hat verstanden, worum es bei der Übung geht – er steht auf und läuft los.
(Foto: Dbalý)

Je schmaler Sie die Latte wählen, umso mehr wird sich Ihre Katze konzentrieren, um nicht herunterzufallen. Lassen Sie sie in Ruhe laufen, ohne sie währenddessen zu loben oder zu drängen. Für Katzen, die vom Balancieren begeistert sind, können Sie den Schwierigkeitsgrad weiter erhöhen, indem Sie die Oberfläche der Laufstrecke verändern und eine schmale Latte gegen einen Besenstiel austauschen. Fangen Sie bei Änderungen in der Breite und der Beschaffenheit der Balanciergelegenheiten jedes Mal wieder bei einer kurzen Laufstrecke von etwa zwei Katzenkörperlängen an. Besonders bei einem schwierigen Balanceakt ist es für die Katze sehr hilfreich, einen fixen Punkt auf der anderen Seite anzusehen – behindern Sie deshalb nicht die Sicht des Tieres.

Wie werden Bewegungsmuffel aktiv?

Alte, kranke, verletzte und andere Katzen, die sich nicht gern bewegen oder kaum bewegen können, weil sie beispielsweise in einem Käfig sitzen müssen oder Gips tragen, können Sie mit einem sehr einfachen Spiel nicht nur geistig anregen. Kleine körperliche Bewegungen führt die Katze dabei ebenfalls aus. Auch für Katzen, die in Gegenwart des Menschen gehemmt sind und sich deshalb wenig bewegen, kann das ein tolles „Enthemmungsspiel" sein.

Die Katze wird bei diesem Spiel für kleine körperliche Bewegungen belohnt und darin bestärkt, sie deutlicher und vor allem öfter zu zeigen. Dazu benötigen Sie lediglich eine wache Katze, ihre

Auch für eher träge, bewegungsunlustige Katzen gibt es kleine Spiele, die wie Muntermacher wirken!
(Foto: Tierfotoagentur/Richter)

Man kann jede Bewegung – hier das Senken des Kopfes – mit dem Clicker belohnen und somit verschiedenes Verhalten nach und nach gezielt herbeiführen. (Fotos: Dbalý)

Lieblingsleckerchen und einen Marker wie einen Clicker. Bei sehr bewegungsarmen Tieren ist es ausgesprochen sinnvoll, einen Teil des normalen Futters so zu verfüttern.

Es spielt keine Rolle, ob die Katze steht, sitzt oder liegt. Setzen Sie sich in einem Abstand zur Katze hin, bei dem Sie ihr mit ausgestrecktem Arm bequem die Leckerchen reichen können. Setzen Sie sich am besten etwas seitlich zur Katze und starren Sie ihr nicht ins Gesicht oder gar in die Augen. Unter Katzen sind Fixieren und Anstarren keine höflichen Gesten. Wenn die Katze nun irgendeine Bewegung macht – und sei sie auch noch so minimal –, reagieren Sie sofort, markieren Sie das Verhalten mit einem Click und geben Sie der Katze ein Leckerchen. So können Sie beispielsweise Bewegungen der Ohren, Kopfbewegungen und Bewegungen mit den Pfoten verstärken. Außerdem können Sie Regungen wie das Öffnen des Mäulchens, das Gähnen oder Blinzeln wählen.

Im Sitzen oder Stehen kann die Katze noch weitere Bewegungen wie etwa das Anheben der Pfoten, Streckbewegungen oder Laufen (auch rückwärts) anbieten. Nicht clicken sollte man Verhaltensweisen, die man später, falls die Katze sie öfter zeigt, als unangenehm empfinden könnte.

Katzen verstehen erstaunlich schnell, worum es bei diesem Spiel geht. Da sie von ihrem Menschen dabei kulinarisch verwöhnt und unterhalten werden, machen selbst die größten Faulpelze alsbald gern mit. Auch Sie freuen sich sicher, wenn Sie sehen, wie Ihre Katze reagiert und auf das Spiel eingeht. Sobald die Katze das Spiel kennt, wird sie ihre Lieblingsbewegungen häufiger wiederholen.

Diese anfangs manchmal nur im Ansatz gezeigten kleinen Bewegungen kann man nun deutlicher herausarbeiten, indem man nur noch die besonders schönen verstärkt. So lernt die Katze, einfache Bewegungen öfter, deutlicher und gezielt auszuführen.

Weil dadurch nicht mehr bei jeder Bewegung ein Click mit Leckerchen folgt, gestaltet sich das Spielchen für die Katze spannender. Versuchen Sie anfangs, in mehreren Spieleinheiten verschiedene Bewegungen einzufangen und nicht immer dasselbe Bewegungsmuster zu clicken. Es mag nicht so aussehen, aber dieses Spiel ist für die Katze anstrengend. Zählen sie etwa zehn bis 15 kleine Leckerchen ab und beenden Sie das Spiel, nachdem diese verfüttert sind. Machen Sie vor einer weiteren Spielrunde eine längere Pause, um die gemütliche Katzennatur nicht zu überfordern.

(Foto: Slawik)

Für Strategen – das Katzenfummelbrett

Suchen, erspähen, erbeuten – für Katzen gibt es nichts Spannenderes! Handeln entsteht aus Motivation, und dafür bieten Katzenfummelbretter die passenden Situationen in diversen Varianten. Beim Spiel am Katzenfummelbrett können sie sich körperlich und geistig beschäftigen, ihre Geschicklichkeit trainieren und jede Menge Spielspaß erleben. In den Spielstationen verbergen sich Leckerchen oder begehrtes Spielzeug, die mit der richtigen Strategie erbeutet werden können. Die Katze muss nachdenken, sich entscheiden, ausprobieren und Erfahrungen sammeln, um Erfolg zu haben. Sie kann in ihrem eigenen Tempo ans Werk gehen und sich so lange mit dem Katzenfummelbrett beschäftigen, wie sie mag – auch in Abwesenheit ihres Menschen.

Katzenfummelbrett mit Fummelmodulen, Wühlmodul und Zungenmodul. (Foto: Slawik)

Was ist ein Katzenfummelbrett?

Ein Katzenfummelbrett besteht aus einer nicht rutschenden Grundplatte, auf der verschiedene starre oder bewegliche Spieleinheiten, sogenannte Module, befestigt sind. In diesen Modulen werden Leckerchen oder Spielzeug versteckt, die von den Katzen erbeutet werden können. Die Module gibt es in drei verschiedenen Grundvarianten:

• Fummelmodule (starr oder beweglich) werden mit Leckerchen oder Spielzeug bestückt, die von der Katze mithilfe der Pfoten erbeutet werden.

• Wühlmodule (oder Fummelkisten) sind Behälter, die mit nicht essbarem Material befüllt werden. Die Katze wühlt darin mit ganzem Körpereinsatz nach eingestreuten Leckerchen oder verstecktem Spielzeug.

• Zungenmodule (starr oder beweglich) sind Spieleinheiten mit kleinen Vertiefungen, aus welcher die Katze mit der Zunge Futter in flüssiger oder fester Form erbeutet. Zungenmodule eignen sich nicht zum Anbieten von Spielzeug.

Die Katzenzunge

Die lange raue Katzenzunge ist beweglich und ein sehr nützliches Werkzeug. Auf ihr befinden sich Papillen und nach hinten gerichtete Dornen, die beim Transport von Beute, bei der Fellpflege und der Wasseraufnahme hilfreich sind. Die Zunge wird beim Aufnehmen von Flüssigkeit als Schöpfkelle eingesetzt.

Die Module können aus verschiedenen Materialien bestehen. Fast alles, woraus die Katze das Futter nicht ungehindert mit dem Maul aufnehmen kann, ist geeignet. Damit man ein Katzenfummelbrett dauerhaft stehen lassen kann, ist es sehr wichtig, dass keine für Katzen gefährlichen Materialien verwendet werden. Lose Schnüre, Glas, splitternde Materialien, spitze Kanten und lose kleine Teile, die verschluckt werden können, sind nicht geeignet. Zudem sollte die gesamte Spielstation gut zu reinigen sein oder regelmäßig erneuert werden.

Viele der in diesem Buch vorgestellten Spielideen können, leicht abgewandelt, auf einem Katzenfummelbrett als Spielmodul angebracht werden.

Starre Module

Als starre Module werden, unbewegliche Aufsätze bezeichnet, die als Spieleinheiten auf dem Grundbrett angebracht werden. Um ein Zapfenmodul herzustellen, bohrt man in unregelmäßigem Abstand von 2 bis 3 Zentimetern mehrere Löcher (1 Zentimeter tief) in das Grundbrett. Die Holzzapfen in der Länge von mindestens 4 Zentimetern werden und 6 bis 8 Milimetern Durchmesser in diese Vertiefungen eingesetzt und gegebenenfalls mit Leim fixiert.

Poröse Materialien und solche mit großer Grundfläche halten besonders gut, wenn sie mit Leim oder einer Heißkleberpistole befestigt wurden. Module wie ein Stück Bambusrohr, Kappen von Spraydosen, Joghurtbecher und Flaschen sollten Sie zusätzlich anschrauben. Verwenden Sie immer Unterlegscheiben. Wird besonders flexibles Material wie Kunststoff nur geklebt, reißt es rasch ab, wenn Katzen daran rütteln.

Zapfenmodule sind spannend und einfach herzustellen. Hier wurden Korkzapfen aufgeklebt.
(Foto: Slawik)

Durchsichtig – eine besondere Herausforderung

Katzen müssen erst lernen, mit Modulen aus durchsichtigen Materialien umzugehen. Sie haben zwar ein fantastisches Nachtsichtvermögen und brauchen nur etwa ein Sechstel der Lichtmenge, die wir benötigen – dafür jedoch können sie auf kurze Distanz nicht so detailgetreu sehen wie der Mensch. Sie reagieren hervorragend auf bewegliche Objekte, während sie starre Beute nur schwer orten können. Um direkt vor dem Maul befindliche Dinge zu erkunden, setzen sie auch ihre besonders tastempfindlichen Schnurrhaare ein.

Für das Orten von Leckerchen in einem durchsichtigen Aufsatz können Katzen ihre Schnurrhaare nicht einsetzen. Somit verwundert es nicht, dass diese eigentlich fantastischen Jäger hier häufig danebenpföteln.

Nach wenigen Tagen haben sie aber durch Üben gelernt, Öffnungen gezielt zu treffen. Ein geeignetes transparentes Modul ist eine Fummelkugel, die Sie aus dem unteren Teil einer bauchigen Kunststoffflasche schneiden können. Der Durchmesser der Öffnung sollte so gewählt werden, dass Ihre Katze nicht ihren Kopf in das Modul stecken kann. Zur Sicherheit können Sie in die Kugel mit einer Ahle ein Luftloch bohren. Die Schnittflächen der Kugel müssen mit Schleifpapier abgerundet werden.

Um einen Fummeltunnel herzustellen, schneiden Sie den Flaschenhals einer länglichen Kunststoffflasche schräg ab. Beim Flaschenboden schneiden Sie seitlich in die Flasche ein Oval von 3 mal 4 Zentimetern. Diese Flasche wird liegend auf das Grundbrett aufgeschraubt.

So stellt man einen stabilen, transparenten Fummeltunnel aus einer Flasche her, …

…der sich bei Katzen großer Beliebtheit erfreut. (Fotos: Slawik)

Bewegliche Module

Als bewegliche Module werden Aufsätze bezeichnet, die sich bewegen lassen oder bewegliche Teile enthalten und als Spieleinheiten auf das Grundbrett angebracht werden. Bewegliche Module sind zum Beispiel Drehrollen aus Kunststoff oder Karton, Schubladen aus Zündholzschachteln oder Flaschen mit Zwischenboden, auf die Leckerchen gelegt werden.

Eine Herausforderung für Katzenfummelbrettprofis ist die Flasche, auf deren herausziehbarem Zwischenboden die Belohnung wartet. (Foto: Slawik)

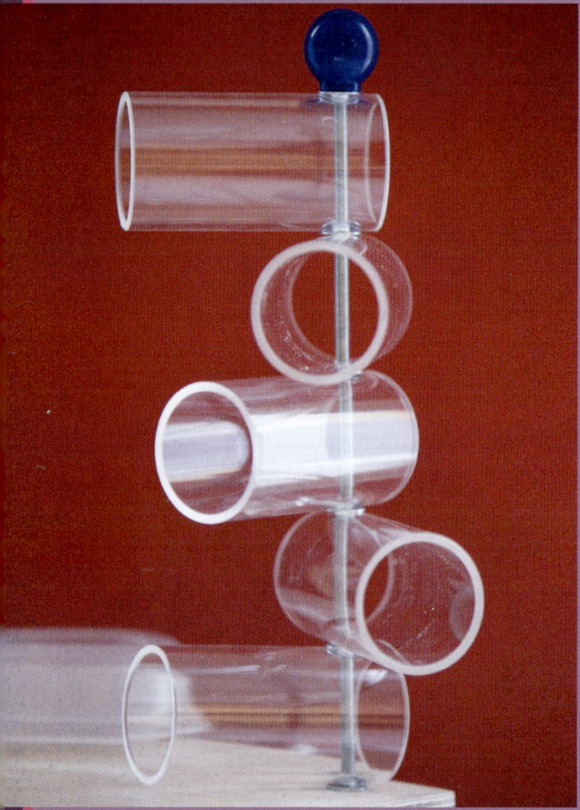

Solche Module eignen sich für unerschrockene, ausdauernde Pfötelprofis.

Verwendete Materialien für eine Drehrolle:

• 2 Holzstäbe, je etwa 20 Zentimeter lang, mindestens 1 Zentimeter Durchmesser

• 1 Holzstab, etwa 15 Zentimeter lang, 0,5 Zentimeter Durchmesser

• 1 Kartonrolle (WC-Rolle oder dickwandige Kleiderenthaarungsrolle)

• 1 Holzzapfen oder ein Stück Karton als Boden für das Drehelement

Bohren Sie in die beiden dickeren Holzstäbe 2 Zentimeter vor den Stabenden ein Loch, in das später der dünne Holzstab eingefädelt wird.

In ein 2 Zentimeter dickes Bodenbrett werden in 10 Zentimetern Abstand zwei Löcher von 1 Zentimeter Tiefe gebohrt. Füllen Sie Holzleim ein und stecken die beiden Holzstäbe ein, sodass sich die

Bewegung ins Spiel bringen zum Beispiel transparente Drehröhren …

… und aus Zündholzschachteln hergestellte Schubladen, in denen sich Leckerchen verbergen. (Fotos: Slawik)

Den Trick mit der Drehrolle lässt man sich am besten von einem Profi zeigen! (Foto: Dbalý)

Zuerst wird am Kartonboden ein breites Band angebracht, ...

... bevor der Karton mit Rollen befüllt wird.
(Fotos: Slawik)

Horizontale Röhren sind für Anfänger sehr gut geeignet und bieten viel Fummelspaß.
(Foto: Slawik)

Der Nachteil ist, dass man sie nicht gut reinigen kann und sie auch viel leichter von rabiat zu Werke gehenden Katzen zerstört werden können als massive Spielstationen aus Holz.

Mit wenig Aufwand und ohne große Bastelbegabung können Sie ein einfaches Katzenfummelbrett aus Karton herstellen. Stapeln Sie dazu mehrere Toilettenpapierrollen über- und nebeneinander in einen etwa schuhschachtelgroßen, festen Karton. Falls diese Rollen leicht verrutschen, kleben Sie sie mit etwas Holzleim am Karton und aneinander fest. Um später ein Umkippen des Kartons zu verhindern, können Sie an der Rückwand zwei in mehreren Zentimetern Abstand nebeneinanderliegende Schlitze schneiden. Durch diese Schlitze ziehen Sie ein breites Band, mit dem Sie die mit Rollen ausgefüllte Schachtel an einem Stuhl- oder Tischbein festbinden. Eine Schnur ist hier weniger geeignet, weil sie sich beim Anbinden rasch in den Karton schneiden kann. Fertig ist das erste Katzenfummelbrett.

Für Menschen ist die Versuchung groß, den Karton mit den Löchern nach oben hinzustellen. In der Natur jedoch sind solch vertikale Röhren mit geradem Boden selten zu finden. Für Fummelanfänger kann es ausgesprochen schwierig sein, mit den noch ungeübten Pfoten die Leckerchen aus senkrechten, engen Papierrollen zu pföteln. Das ist eher eine Aufgabe für fortgeschrittene Fummelkatzen, Anfänger trauen sich dies zunächst oft nicht. Zu Beginn braucht Ihre Katze leicht zu lösende Aufgaben und schnelle Erfolge, um bei Laune und somit bei der Sache zu bleiben. Aber natürlich gibt es auch stürmische Katzen, die die Kartonrollen herausziehen und damit am Boden weiterspielen. Diesen Spaß sollte man ihnen lassen – auch dazu ist ein Katzenfummelbrett gedacht!

Mit einer Küchenpapierrolle, die auf einer Seite schräg abgeschnitten ist, kann man Leckerchen in die horizontalen Röhren kullern lassen. Spätestens bei diesem Geräusch dürfte der letzte müde Stubentiger auf Sie und Ihr Werk aufmerksam werden.

Nur keinen Frust!

Katzen haben kurze Konzentrationsspannen und sind sehr frustanfällig. Deshalb ist es wichtig, Fummelanfängern leicht erreichbare Beute auf dem Katzenfummelbrett anzubieten. Ob es einfach genug ist, sehen Sie daran, dass Ihre Katze nahezu bei jedem Fummelversuch einen Erfolg erzielt. Ist dies nicht der Fall, sollten Sie die Leckerchen näher an den Öffnungen platzieren.

Eine interessante Variante des Katzenfummelbretts aus Karton ist die Fummelpyramide.

Dazu benötigen Sie ein festes Kartonstück als Bodenplatte, zehn leere Küchenpapierrollen, Leim und eine Schere. Mit einer abgerundeten Nagelschere lassen sich ovale Löcher von ca. drei mal fünf Zentimetern Durchmesser in die äußeren sieben Röhren schneiden. Beginnen Sie mit vier nebeneinanderliegenden Röhren und kleben die verbleibenden Rollen pyramidenförmig aneinander. Die gelochten Röhren kommen nach außen. Mithilfe einer Schnur lässt sich die Pyramide während des Trocknens zusammenbinden. Kleben Sie dann die fertige Pyramide auf den Kartonboden. Katzen mit feiner Nase können noch anhaftenden Leimgeruch leicht übel nehmen und die neue Spielstation eines ungeduldigen Besitzers die ersten Stunden mit Missachtung strafen. Lassen Sie deshalb das Bastelwerk sehr gut austrocknen.

Diese Spielstation kann man fixieren, indem man Klebeband über die Ecken führt und auf dem Boden befestigt. Hat man als Untergrund einen Teppichboden, stellt man einen Stuhl darauf oder klemmt eine Seite des Kartonbodens unter einem Tischbein fest. Nun kann der Fummelspaß nach Befüllen der Röhren losgehen.

Katzen können ungeduldig sein und gehen schon mal sehr rabiat mit der Fummelpyramide um. Manche Katzen vergrößern mit Druck der Pfoten nur die Löcher der Röhren. Andere Katzen zerfetzen die Kartonteile mit den Zähnen und bearbeiten sie sogar mit den Krallen, wobei sie sich völlig austoben. Lassen Sie dies ruhig zu. Falls Ihre Katze jedoch den Karton fressen sollte, sind Spielstationen aus diesem Material für Ihr Tier nicht geeignet.

Katzenfummelbretter aus Holz

Katzenfummelbretter aus Holz haben den Vorteil, dass sie langlebig und stabil sind. Sie lassen sich in beliebigen Farben anmalen und lackieren (bitte ungiftige Farben verwenden). Dadurch sind die Spielstationen abwaschbar und hygienisch. Die Katzen können sie nicht so leicht zerstören, und aufgrund des höheren Gewichts rutschen sie weniger und brauchen nicht speziell befestigt zu werden. Module kann man nicht mit Leim befestigen, sondern festschrauben, was die Möglichkeit eröffnet, auch langlebige, bewegliche Module zu konstruieren. Besonders Module aus Kunststoff halten auch rabiat zu Werke gehenden Katzen stand. Ist ein Modul defekt, kann man es leicht ersetzen, ohne ein neues Katzenfummelbrett bauen zu müssen.

Plato findet die Löcher der Fummelpyramide sehr spannend – die Bodenplatte fehlt hier noch. (Foto: Slawik)

Die Fummeloase

Auf diesem Katzenfummelbrett vereinen sich verschiedene Materialien zu einer spannenden Spielstation.

Verwendetes Material:

- 1 Brett, 2 Zentimeter dick,
  Maße 30 x 40 Zentimeter
- 1 Bambusrohr, 15 Zentimeter lang,
  4 Zentimeter Durchmesser
- 4 weiße Verschlusskappen,
  2 Zentimeter Durchmesser
- 1 durchsichtige Spraydosenkappe,
  3 Zentimeter Durchmesser
- 1 weißer Joghurtbecher
- 1 durchsichtiger Kunststoffbecher
- 1 durchsichtige Kunststoffschale
  eines Fertiggerichts
- 1 abgeschrägtes Rohr, 7 Zentimeter Durchmesser
- 1 unterer Teil einer Kunststoffflasche
- 1 blaue Kunststoffbox aus einem Kinderspiel
- mehrere Flaschenkorken

Zuerst wird das Brett an den Kanten mit Schleifpapier abgerundet, mit ungiftiger Farbe angemalt und zweimal mit geeignetem Lack behandelt. Dann schraubt man sämtliche Kunststoffteile und das Bambusrohr mit dicken, kurzen Holzschrauben fest. Passende Unterlegscheiben verhindern ein rasches Ausreißen. Mit einer Heißkleberpistole werden das Rohr abgeschrägte und die Korken angeklebt.

Diese Fummeloase aus Holz und Kunststoff ist besonders langlebig.
(Foto: Slawik)

Der Fummelturm

Verwendetes Material:
- 1 Brett, 2 Zentimeter dick, Maße 30 x 40 Zentimeter
- 16 Waschkugeln
- 2 kleine Pylonen
- kurze, dicke Schrauben und dazu passende Unterlegscheiben

Der Fummelturm ist eine weitere, einfach umzusetzende Variante eines Holzfummelbretts. Die Pylonen werden übereinandergestülpt, der überstehende Teil der innen liegenden Pylone wird mit einem Messer abgeschnitten. So schafft man besseren Halt für die Schrauben. Zuerst wird die verstärkte Pylone in der Brettmitte angeschraubt. Mit einer Ahle wird in jede Waschkugel an der Seite ein Loch gestochen. Nachdem man eine breite Unterlegscheibe eingefädelt hat, werden immer fünf Kugeln auf gleicher Höhe angeschraubt. Schrauben mit Kreuzschlitz eignen sich sehr gut, weil man sie mit dem Schraubenzieher als Verlängerung in das vorgestochene Loch der Kugel befördern kann. Die nächste Kugelreihe wird versetzt angebracht. Zum Schluss wird eine Kugel auf der Pylonenspitze befestigt.

An diesem Turm können sich Katzen auch körperlich anstrengen, da sie sich auf die Hinterbeine stellen müssen, um an die oberen Becher zu gelangen.

Plato erobert den Fummelturm aus Waschkugeln und Pylonen. (Foto: Slawik)

Ein Katzenfummelbrett für die Wandmontage bringt Abwechslung ins Spiel.
(Foto: Dbalý)

Katzenfummelbretter für die Wandmontage

Vertikale Spielstationen lassen sich an Wände, Türen oder Gitter und in Kratzbäumen befestigen. Bei frei stehenden, vertikalen Katzenfummelbrettern sollte sichergestellt sein, dass die Spielstation nicht umkippen und die Katze erschrecken kann. Am besten schraubt man ein vertikales Brett mit Winkeln aus Metall mittig auf ein horizontales, eckiges oder rundes großes Brett – dann kippt es nicht, und die darauf stehende Katze beschwert es zusätzlich.

Keine zusätzlichen Füße benötigt ein Katzenfummelbrett in A-Form. Hier werden Module an den schräg stehenden Seiten angebracht. Es können mehrere Katzen gleichzeitig spielen, ohne sich gegenseitig zu stören. Auf vertikalen Spielstationen lassen sich bewegliche Module wie Schubladen aus Streichholzschachteln und Kippelemente aus Kartonrollen bauen. Auch Module, bei denen die Katze etwas eindrücken soll, um ein Leckerchen zu erhalten, sind einfach umzusetzen. Aufgeklebte Setzkästen lassen sich sehr gut verwenden.

Module für Profis

Hat Ihre Katze bereits reichlich Erfahrung und Spaß an den einfachen Katzenfummelbrettern gesammelt, können Sie sie durch gezielte Denkspiele weiter fordern. Aber auch hier ist darauf zu achten, die Katze nicht zu früh mit schwierig zu erfummelnden Modulen zu konfrontieren, damit sie nicht frustriert aufgibt.

Die Erhöhung der Schwierigkeitsgrade bei einem bereits bestehenden Modul lässt sich durch kleine Veränderungen herbeiführen. Auch das angebotene Material ist von Bedeutung. Aus glatten Behältern sind Leckerchen leichter herauszufummeln als aus rauen. Harte Behälter sind beliebter als weiche. Testen Sie dies zum Beispiel mit Waschmittelkugeln, die es aus verschiedenen Materialien gibt. Bringen Sie eine Eierschachtel aus Kunststoff und eine Eierschachtel aus Pappe auf einem Brett an und beobachten Sie, womit die Katze gut zurechtkommt und was ihr mehr Mühe bereitet. Dies können Sie dann auf andere Module übertragen.

Transparent und auch noch beweglich: Dieses Modul setzt einige Übung voraus! (Foto: Dbalý)

Die Fummelkiste mit Kunststoffbällen garantiert einen schnellen Leckerchenjagderfolg.
(Foto: Dbalý)

Viele Katzen neigen, da sie rasch ungeduldig werden, bei allzu schwierigen Spielen zum Aufgeben. Es ist wichtig, auch auf Katzenfummelbrettern für Profis ein oder zwei einfach zu erfummelnde Module anzubringen. An diesen können Katzen, die bei mehreren Versuchen an schwierigen Modulen nicht zum Ziel kamen, dennoch einen Erfolg verbuchen, was für die zarte Katzenseele wichtig ist. Trotz des sich manchmal rasch einstellenden Frusts haben erstaunlich viele Katzen ausgesprochenen Spaß an diesen Knobelaufgaben, und man sollte ihnen dieses Vergnügen gönnen.

Bei Denkaufgaben ist es günstig, neben der Katze zu sitzen und ihr, falls nötig, Hilfestellung zu geben. Außerdem macht das Zusehen Freude, wenn der schnurrende Hausgenosse zu einem kleinen Einstein mutiert. Wie andere Individuen, wir Menschen eingeschlossen, haben Katzen gute und schlechte Tage. Deshalb sollten Sie auch für sehr fummelerfahrene, gern tüftelnde Katzen, die ein schwierig zu erfummelndes Katzenfummelbrett haben, ein zweites einfach zu bewältigendes zur Verfügung stellen, das nur mit mittelschweren und einigen leichten Modulen bestückt ist. Auch Fummelkisten sind dazu sehr gut geeignet.

Höherer Schwierigkeitsgrad eines starren Moduls

Aus einer waagerecht auf ein Grundbrett geklebten WC-Rolle kann die Katze leicht Leckerchen herausfummeln. Um den Schwierigkeitsgrad zu erhöhen, klebt man zwei weitere WC-Rollen als Verlängerung an die erste Rolle. Die Katze muss nun tiefer in die Röhre pföteln, um das Leckerchen zu erreichen. Als weitere Steigerung wickeln Sie Leckerchen in Papier oder Stoff, bevor Sie die Röhre damit befüllen, und verschließen die Eingänge der Röhren zusätzlich mit Papier.

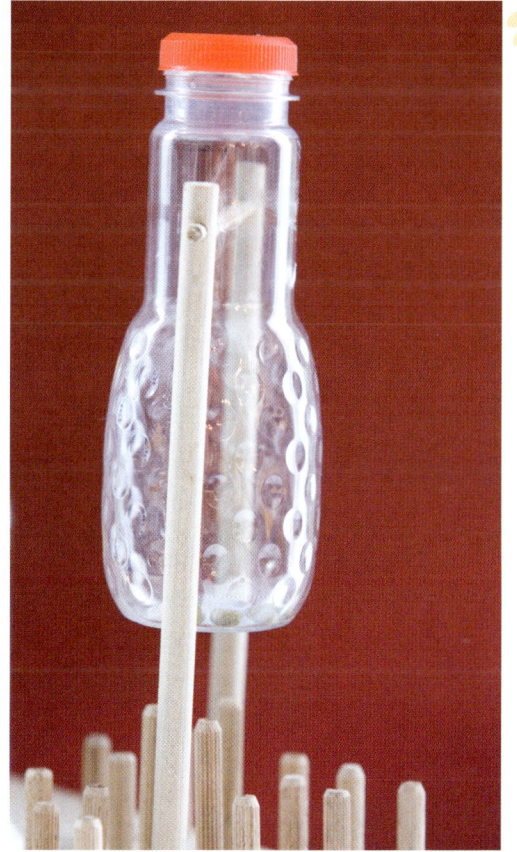

Die Drehflasche mit Deckel ist nur etwas für ausdauernde Fummelprofis. (Foto: Slawik)

Höherer Schwierigkeitsgrad eines beweglichen Moduls

Die drehbare Kartonrolle (siehe Seite 84) ist für viele Katzen, bedingt durch Material und Größe, einfach zu handhaben. Um den Schwierigkeitsgrad zu erhöhen, bietet man der Katze, sobald sie die Kartondrehrolle beherrscht, eine durchsichtige Drehflasche ohne Deckel an.

Hat Ihre Katze den Dreh raus und kann auch diese Flasche ohne Probleme gezielt leeren, bohren Sie in den zurückgelegten Flaschendeckel neben der Mitte ein Loch, das etwas größer ist als die verwendeten Leckerchen. So zugeschraubt fällt nur noch hin und wieder ein Leckerchen heraus – die Katze wird nur noch unregelmäßig belohnt.

Diese Flasche ist nur für sehr geduldige Fummelprofis geeignet. Wenn Sie Trockenfutter verwenden, macht es Katzen zusätzlich Freude, den Geräuschen der klappernden Leckerchen zu lauschen, wenn sie die Kunststoffflasche drehen.

Erfindergeist gefragt

Geeignet für Katzenfummelbretter sind strapazierfähige, ungiftige Materialien, die man nach gründlicher Reinigung zu Modulen umfunktionieren kann. Zu Hause finden Sie in jedem Zimmer geeignete Bausteine: Bereits der Hausflur bietet stabile Kleiderenthaarungsrollen und alte Zeitungen. In der Küche fallen Kartons an wie Behälter von Tee, Konfekt, Reis und Cornflakes sowie Küchenrollen. Viele Verpackungen von Kinderleckereien (Überraschungseier, Smartiespackungen) stellen geeignetes Bastelmaterial dar. Die Innenleben von Pralinenschachteln können praktische Vertiefungen für Zungenmodule beinhalten. Im Kühlschrank

Der bewegliche Deckelturm ist aus Flaschendeckeln hergestellt. (Foto: Slawik)

Im Bad gibt es WC-Rollen, Papiertuchboxen, Deckel in diversen Größen und sogar Kugeln von Deorollern für Wühlboxen. Auch Haarbänder, die viele Katzen gern ins Maul nehmen und apportieren, eignen sich hervorragend: Sie können gut befestigt als Henkel, für Deckel von Leckerchenbehältern oder für ausziehbare Schubladen dienen, die man aus Streichholzschachteln baut.

Aus dem Sanitärbereich lässt sich so manch herumliegendes ungenutztes Rohr verwenden. Dosierbecher und Waschkugeln von Flüssigwaschmitteln aus der Waschküche sind bei vielen Katzen beliebte Fummelmodule.

Aus dem Arbeitszimmer sind transparente Packungen von CD-Rohlingen geeignet. Papierschnitzel aus dem Aktenvernichter kann man für Wühlkisten verwenden.

Das Kinderzimmer bietet ebenfalls eine Fülle von Material. Holzklötze, Holztiere, große Murmeln zum Aufkleben und verschiedene Kunststoffspielzeuge, die aufgeschraubt werden können. Puppenschränke mit Türen können mit umgewandelten Griffen auch durch Katzenpfoten oder -mäuler geöffnet werden. Oder bauen Sie ein abwaschbares Katzenfummelbrett aus Legobausteinen.

Selbst im Schlafzimmer findet man Modulbausteine. Ringe von Gardinen, Gardinenstangen oder deren Halterungen und Gardinenstoffreste können gut verwendet werden.

Die Natur hält hervorragende Materialien wie Steine, Äste, Wurzeln, Schneckenhäuser, große Samenkapseln oder Bambusrohre, Kokosnusschalen und Muscheln vom letzten Strandurlaub bereit. Auch als Füllmaterialien für Wühlkisten eignen sich sehr gut Laub, große Eicheln, Kastanien oder Tannenzapfen.

Aus Garage, Keller oder vom Dachboden kann man so einiges zutage befördern, was längst vergessen nur

finden sich Eierschachteln, Kunststoffflaschen und deren große Deckel, Kunststoffschalen und Joghurtbecher, Kappen von verschiedenen Spraydosen und Korken, die eine gute Ausgangsbasis darstellen.

Faramir zieht mithilfe eines befestigten Haarbandes einen eingesetzten Zwischenboden aus der Flasche.

Ist ein Leckerchen heruntergefallen, kann Faramir es aus der Flaschenöffnung herausfummeln.
(Fotos: Slawik)

darauf wartet, leicht abgeändert der Katze Vergnügen zu bereiten. Gartencenter, Baumärkte, Bastelläden, Flohmärkte und Secondhandläden sind ebenfalls tolle Fundgruben für vielseitiges Bastelmaterial.

Keine Zeit zum Basteln?

Konfektpackungen, Kosmetiktuchboxen, gelochte Ziegelsteine, Eierschachteln und auch Setzkästen werden Katzen gern als einfaches Katzenfummelbrett hingestellt. Sie sind jedoch für viele Katzen bereits eine so große Herausforderung, dass die Tiere nach wenigen erfolglosen Versuchen rasch die Lust am Fummeln verlieren.

Viele Konfektverpackungen haben Vertiefungen, die Katzen nur mit der Zunge erreichen können – hier pföteln sie mangels Erfahrung vergeblich. Eierschachteln sind durch ihre Form und das Material schwierig zu erfummeln und für sensible Anfänger nicht geeignet. Aus einer Kosmetiktuchbox, die nur oben eine Öffnung hat und deshalb für ungeübte Katzen zu schwierig ist, können Sie leicht eine ideale Fummelbox machen, indem Sie mit einer Nagelschere die unteren Ecken aufschneiden.

Ein Setzkasten ist mit seinen rechten Winkeln und dem geraden Boden für viele Tiere erstaunlich schwer zu erfummeln. Horizontale Fummelmöglichkeiten sind viel besser dazu geeignet, Ihrer Katze bei den ersten, noch unbeholfenen Fummelversuchen häufigen Erfolg und damit Spaß zu bieten.

Legen Sie den Setzkasten also nicht auf den Boden, sondern befestigen Sie ihn mit Schraubzwingen an einem Tischbein oder am Kratzbaum. Einen gelochten Ziegelstein stellen Sie so auf, dass die Löcher horizontal liegen.

Bitte bedenken Sie, dass ein geeignetes erstes Katzenfummelbrett rutschfest angebracht werden muss. Mit einem Stuhl, dem Tischbein oder Klebeband lassen sich Spielstationen rasch fixieren.

Cat Activity – das Fun Board

Dieses Katzenfummelbrett aus dem Handel wurde für Katzen aller Rassen, aller Altersgruppen und aller möglichen Vorlieben entwickelt. Auch für Katzen mit körperlichen Einschränkungen ist es geeignet. Es ist leicht zu reinigen(spühlmaschinenfest), stabil und auf jedem Boden rutschfest. Jedes der Module stellt die Katze vor eine andere Aufgabe. Man kann das Fun Board mit festen oder flüssigen Leckerchen und auch mit Spielzeug bestücken.

Das Fun Board besteht aus fünf verschiedenen Moduleinheiten:

• Kugelmodul: An diesem Modul üben sich Katzen in der Treffsicherheit. Durch die Transparenz der Elemente sind die Öffnungen zu Beginn für die Tiere nicht so leicht zu finden. Dazu üben die Katzen die Beweglichkeit der Pfoten und der Krallen. Falls die Beutestücke kurz vor dem Herausholen aus der Kugel zurückfallen, erzeugt dies ein Geräusch, dem die Katze nachhorchen kann. So kann sie Leckerchen zusätzlich mit dem Gehör orten. Auch Spielzeug kann als Beutestück angeboten werden.

• Zapfenmodul: An diesem Modul orten Tiere die Beutestücke visuell und können Strategien entwickeln, wie sie die Beute mit der Pfote oder auch mit den Krallen herausangeln können.

• Bahnenmodul: Selbst im Liegen können Katzen rasch Beute machen. Besonders für alte Tiere und Katzen mit niedriger Toleranzschwelle ist es sehr gut geeignet. Die Beutestücke können rasch erreicht und herausgezogen werden.

• Zungenmodul: Dieses Modul eignet sich nicht für das Anbieten von Spielzeug. Aus den Vertiefungen erbeuten die Tiere harte oder weiche Leckereien am besten mit der Zunge. Geduld und Zungenfertigkeit

sind gefragt. Auch für körperlich stark eingeschränkte und blinde Katzen ist dies ein interessantes Spielmodul. Verschiedene Leckerchen in den
einzelnen Vertiefungen bieten verschiedene Geruchserlebnisse.

• Tunnelmodul: Den „Mauselocheffekt" dieses
Moduls finden viele Katzen unwiderstehlich. Gern

wühlen sie mit der ganzen Länge ihrer Pfoten darin.
Dieses Modul eignet sich hervorragend, um ein-
gepackte Leckerchen und Spielzeug zu verstecken.
Die Katze kann das Anschleichen, Belauern und
Anspringen ausleben. Erbeutete Leckerchen werden außerhalb des Tunnels ausgepackt oder weiter
bespielt.

*Fun Board heißt ein variantenreiches Katzenfummelbrett, das im Handel erhältlich ist.
(Foto: Dbalý)*

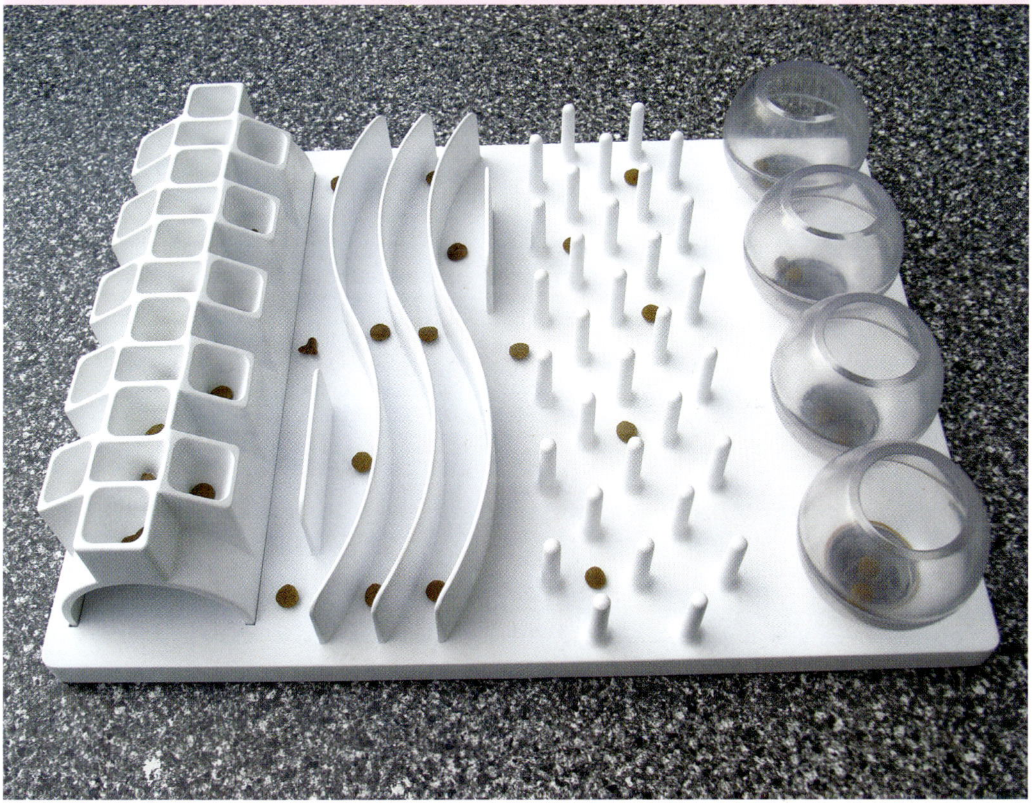

Game over?

Heutzutage wird vielerorts davor gewarnt, dass Spielen süchtig machen kann. Auf das Spielen mit Katzen trifft das sicher zu – glücklicherweise mit ausschließlich positiven Nebenwirkungen für Ihre Katze und Sie. Das einzige nennenswerte Risiko kann bei manchen Menschen ihr Ehrgeiz sein, der aus Spiel oft bitteren Ernst macht. Lassen Sie ihn außen vor. Das Leben ist voller Anforderungen und Leistungsdruck. Genießen Sie die Zeit mit Ihrer Katze und denken Sie bitte immer daran: Ihre Katze lernt neue Spiele und Kunststücke so schnell, wie die Persönlichkeit und Vorlieben, aber auch Ihre pädagogischen Fähigkeiten es zulassen.

Wir hoffen, dass die in diesem Buch vorgestellten Spiele Ihrer Katze Spaß machen. Und wir hoffen, Ihnen Anreize gegeben zu haben, eigene Spiele mit Ihrer Katze zu entwickeln. Das eine perfekte Spiel für alle Katzen gibt es nämlich nicht, auch nicht in diesem Buch. Manche Spiele gefallen tatsächlich fast allen Katzen, und doch gibt es individuell so viele verschiedene Vorlieben, wie es Katzen gibt.

Eines gilt allerdings ganz pauschal: Gesunde Katzen, die für gar kein Spiel zu begeistern sind, gibt es nicht. Eine Katze, die nicht spielen mag, ist entweder krank oder hat Angst. Ihr erster Ansprechpartner in diesem Fall ist Ihr Tierarzt, der körperliche Ursachen abklärt. Sicher kann er Ihnen auch einen Verhaltensberater in Ihrer Nähe nennen.

Bei einer ängstlichen Katze sollten Sie Ihr eigenes Spielverhalten unter die Lupe nehmen: Verschrecken Sie die Katze durch Lärm oder hektische Bewegungen? Sind Ihre Kinder sehr ungestüm? Die Wurzeln von Angst können auch in den Haltungsbedingungen liegen. Katzen brauchen mehr als den Auslauf in einer Stadtwohnung und genügend Futter. Sie sind sehr anspruchsvolle Lebewesen, die Abwechslung, Aufgaben, ein bisschen Erziehung und vor allem Zuwendung benötigen, damit sie nicht depressiv und krank werden.

Auch die beliebte Zweitkatze ist nicht immer die Lösung, um Katzen vor Langeweile und Einsamkeit zu bewahren. Viele Katzen sind zwar durchaus gesellig – doch das gilt nicht immer, und vor allem müssen beide Katzen über ein erlerntes Sozialverhalten verfügen, und die Chemie zwischen den vierbeinigen Partnern muss stimmen. Bei Geschwisterpaaren ist die Wahrscheinlichkeit hoch, wobei generell das Zusammenleben gleichgeschlechtlicher Geschwisterpaare meist harmonischer ist, da sich beide Katzen im Spiel- und Sozialverhalten nicht auseinanderentwickeln und somit dauerhaft ähnliche Bedürfnisse und Grenzen haben. Bei einem gemischt-geschlechtlichen Geschwisterpaar sollte der junge Kater rechtzeitig kastriert werden – nicht nur um unerwünschten Nachwuchs zu verhindern! Viele Kater entwickeln im Alter von wenigen Monaten außerdem ein immer ruppigeres Spiel- und Sozialverhalten und machen ihrer Schwester zunehmend Angst.

Der passende Partner für eine gesellige Wohnungskatze kann ganz andere Anregungen bieten als jeder noch so engagierte Mensch. Lassen Sie sich bei der Auswahl aber bitte mehr von rationalen Gründen leiten als von emotionalen. Die Partnerkatze muss vor allem Ihrer Katze gefallen, nicht Ihnen. Und wenn Sie das schüchterne, kleine Persermädel noch so niedlich finden – es wird aller Wahrscheinlichkeit nach nicht der geeignete Spielpartner für Ihren drei Jahren alten, sehr aktiven Siamkater sein.

Nun sind Sie am Ende dieses Spielebuchs angekommen und stehen hoffentlich am Anfang einer großen Spielerkarriere. Wir wünschen Ihnen und Ihrer Katze viel Spaß dabei!

Katzen sind nicht unterwegs,
um irgendwo anzukommen,
sie wollen lediglich die Welt erforschen.

(Sidney Denham)

(Foto: Slawik)

Literaturtipps

Bohnekamp, Gwen/Dr. Jones, Renate
Was Katzen wirklich brauchen
Verhalten verstehen und Probleme lösen
Stuttgart: Kosmos, 2004

Braun, Martina
Clickertraining für Katzen
Brunsbek: Cadmos, 2005

Braun, Martina
Kätzisch für Nichtkatzen
So verstehen Sie Ihre Samtpfote
Brunsbek: Cadmos, 2007

Laser, Birgit
Clickertraining
Mehr als Spaß für Katzen
Lübeck: Birgit Laser Verlag, 2004

Schroll, Sabine
Miez, Miez – na komm!
Artgerechte Katzenhaltung in der Wohnung
Niebüll: Videel, 2001

Schroll, Sabine
Aller guten Katzen sind ...?
Der Mehrkatzen-Haushalt
Niebüll: Videel, 2003

Turner, Dennis C.
Turners Katzenbuch
Wie Katzen sind, was Katzen wollen –
Informationen für eine glückliche Beziehung
Stuttgart: Kosmos, 2004

Vorbrich, Susanne
Das Wohlfühlbuch für Wohnungskatzen
Was sich Katzen wünschen
Brunsbek: Cadmos, 2005

(Foto: Slawik)

Register

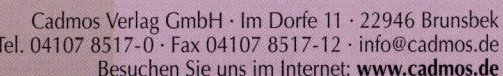

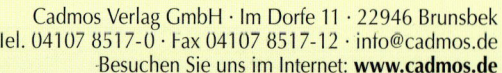